高等教育工业机器人课程实操推荐教材

工业机器人工程应用虚拟仿真教程

第 2 版

叶 晖 吕世霞 张恩光 何智勇 杨 薇 编著

机械工业出版社

本书以ABB工业机器人为对象，使用ABB公司的工业机器人仿真软件RobotStudio 6.08.01进行工业机器人的基本操作、功能设置、二次开发、在线监控与编程、方案设计和验证的学习。中心内容包括认识、安装工业机器人仿真软件，构建基本仿真工业机器人工作站，RobotStudio中的建模功能，工业机器人离线轨迹编程，Smart组件的应用，带导轨和变位机的工业机器人系统创建与应用，ScreenMaker示教器用户自定义界面，RobotStudio的在线功能。联系QQ 296447532获取PPT课件。

本书适合普通本科及高等职业院校自动化相关专业学生使用，以及从事工业机器人应用开发、调试与现场维护的工程师，特别是使用ABB工业机器人的工程技术人员。

图书在版编目（CIP）数据

工业机器人工程应用虚拟仿真教程 / 叶晖等编著 . —2 版 . —北京：机械工业出版社，2021.7（2025.1 重印）

高等教育工业机器人课程实操推荐教材

ISBN 978-7-111-68464-0

Ⅰ．①工… Ⅱ．①叶… Ⅲ．①工业机器人—软件仿真—高等学校—教材

Ⅳ．① TP242.2

中国版本图书馆 CIP 数据核字（2021）第 114158 号

机械工业出版社（北京市百万庄大街 22 号　邮政编码 100037）

策划编辑：周国萍　　　责任编辑：周国萍　刘本明
责任校对：郑　婕　　　封面设计：陈　沛
责任印制：常天培

北京铭成印刷有限公司印刷

2025 年 1 月第 2 版第 14 次印刷

184mm×260mm · 15.75 印张 · 311 千字

标准书号：ISBN 978-7-111-68464-0

定价：55.00 元

电话服务　　　　　　　　　网络服务

客服电话：010-88361066　　机 工 官 网：www.cmpbook.com
　　　　　010-88379833　　机 工 官 博：weibo.com/cmp1952
　　　　　010-68326294　　金 书 网：www.golden-book.com
封底无防伪标均为盗版　　　机工教育服务网：www.cmpedu.com

前　言

生产力的不断进步推动了科技的进步与革新，建立了更加合理的生产关系。自工业革命以来，人力劳动已经逐渐被机械所取代，而这种变革为人类社会创造出巨大的财富，极大地推动了人类社会的进步。时至今天，机电一体化、机械智能化等技术应运而生。人类充分发挥主观能动性，进一步增强对机械的利用效率，使之为我们创造出更加巨大的生产力。工业机器人自动化生产线成套设备已成为自动化装备的主流及未来的发展方向。在汽车行业、电子电器行业、工程机械等行业中，已经大量使用工业机器人自动化生产线，以保证产品质量，提高生产效率，同时避免了大量的工伤事故。全球诸多国家近半个世纪的工业机器人的使用实践表明，工业机器人的普及是实现自动化生产、提高社会生产效率、推动企业和社会生产力发展的有效手段。

在本书中，通过项目式教学的方法，对ABB公司的RobotStudio 6.08.01软件的操作、建模、Smart组件的使用、轨迹离线编程、动画效果的制作、模拟工作站的构建、仿真验证以及在线操作进行了全面的讲解。

本书内容以实践操作过程为主线，采用以图为主的编写形式，通俗易懂，适合作为普通本科和高等职业院校的工业机器人工程应用仿真课程的教材。

同时，本书也适合从事工业机器人应用开发、调试、现场维护的工程技术人员学习和参考，特别适合已掌握ABB工业机器人基本操作，需要进一步掌握工业机器人工程应用模拟仿真的工程技术人员参考。

本书由ABB（中国）有限公司的叶晖，北京电子科技职业学院的吕世霞，珠海科技学院的张恩光、何智勇和杨薇编著。

对本书中的疏漏之处，我们热忱欢迎读者提出宝贵的意见和建议。在这里，要特别感谢ABB机器人部技术经理高一平、ABB机器人市场部给予此书编写的大力支持，为本书的撰写提供了许多宝贵意见。

本书中使用到的机器人工作站打包文件及相关模型资料可以关注微信公众号：叶晖老湿，进行下载。

如有问题请给我们发邮件：support@robotpartner.cn。

编著者

目　录

项目 1 认识、安装工业机器人仿真软件

 教学目标

1. 了解什么是工业机器人数字虚拟仿真应用技术。
2. 学会如何安装 RobotStudio。
3. 学会 RobotStudio 软件的授权操作方法。
4. 认识 RobotStudio 软件的操作界面。

任务 1-1 了解什么是工业机器人数字虚拟仿真应用技术

工业自动化的市场竞争压力日益加剧，客户在生产中要求更高的效率，以降低价格，提高质量。如今让工业机器人编程在新产品生产之始增加时间是行不通的，因为这意味着要停止现有的生产以对新的或修改的部件进行编程。冒险制造刀具和固定装置而不首先验证到达距离及工作区域已不再是首选方法。现代生产厂家在设计阶段就会对新部件的可制造性进行检查。在为工业机器人编程时，离线编程可与建立工业机器人应用系统同时进行。

在产品制造的同时对工业机器人系统进行编程，可提早开始产品生产，缩短上市时间。离线编程在实际工业机器人安装前通过可视化及确认解决方案和布局来降低风险，并通过创建更加精确的路径来获得更高的部件质量。为实现真正的离线编程，RobotStudio 采用了 ABB VirtualRobot ™技术。ABB 在二十多年前就已发明了 VirtualRobot ™技术。RobotStudio 是市场上离线编程的领先产品。通过新的编程方法，ABB 正在世界范围内建立机器人编程标准。

在 RobotStudio 中可以实现以下的主要功能：

1）CAD 导入：RobotStudio 可轻易地以各种主要的 CAD 格式导入数据，包括 IGES、STEP、VRML、VDAFS、ACIS 和 CATIA。通过使用此类非常精确的

3D 模型数据，工业机器人程序设计员可以生成更为精确的工业机器人程序，从而提高产品质量。

2）自动路径生成：这是 RobotStudio 中最节省时间的功能之一。通过使用待加工部件的 CAD 模型，可在短短几分钟内自动生成跟踪曲线所需的工业机器人位置。如果人工执行此项任务，则可能需要数小时或数天。

3）自动分析伸展能力：此便捷功能可让操作者灵活移动工业机器人或工件，直至所有位置均可达到。可在短短几分钟内验证和优化工作单元布局。

4）碰撞检测：在 RobotStudio 中，可以对工业机器人在运动过程中是否可能与周边设备发生碰撞进行一个验证与确认，以确保工业机器人离线编程得出的程序的可用性。

5）在线作业：使用 RobotStudio 与真实的工业机器人进行连接通信，对工业机器人进行便捷的监控、程序修改、参数设定、文件传送及备份恢复的操作，使调试与维护工作更轻松。

6）模拟仿真：根据设计，在 RobotStudio 中进行工业机器人工作站的动作模拟仿真以及周期节拍，为工程的实施提供真实的验证。

7）应用功能包：针对不同的应用推出功能强大的工艺功能包，将工业机器人更好地与工艺应用进行有效的融合。

8）二次开发：提供功能强大的二次开发平台，使得工业机器人应用实现更多的可能，满足工业机器人的科研需要。

9）虚拟现实 VR：提供即插即用的虚拟现实功能，体验无与伦比的现场感。无须对现有工业机器人仿真工作站做任何修改，只要使用标准的 HTC 虚拟现实眼镜与 RobotStudio 进行连接即可。

任务 1-2　安装工业机器人仿真软件 RobotStudio

工作任务

1．下载 RobotStudio 6.08.01。

2．正确安装 RobotStudio。

 实践操作

一、下载 RobotStudio

本教程是以 ABB 工业机器人 RobotStudio 6.08.01 为对象，下载路径及方法如图 1-1 所示。

1. 在微信中搜索公众号"叶晖老湿"，也可以用微信扫描以下的二维码关注。

2. 在叶晖老湿的公众号中，单击"教材课件"就可下载。

图 1-1

二、安装 RobotStudio6.08.01

安装 RobotStudio6.08.01 的操作步骤如图 1-2、图 1-3 所示。

1. 下载后，请解压缩。在解压的目录中找到 setup.exe 并双击。

setup.exe

ABB RobotStudio 6.08.01 InstallShield Wizard

欢迎使用 ABB RobotStudio 6.08.01 InstallShield Wizard

InstallShield(R) Wizard 将要在您的计算机中安装 ABB RobotStudio 6.08.01。要继续，请单击"下一步"。

警告：本程序受版权法和国际条约的保护。

2. 单击"下一步"。

<上一步(B)　下一步(N) >　取消

图 1-2

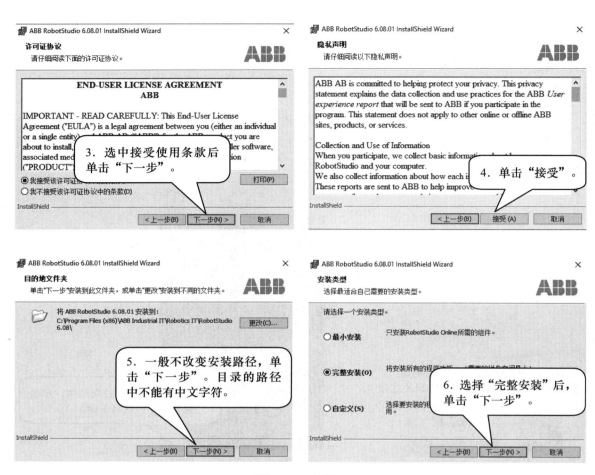

图 1-2（续）

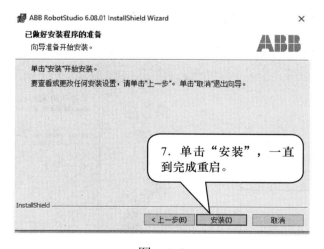

图 1-3

为了确保 RobotStudio 能够正确安装，请注意以下的事项：

1）计算机的系统配置建议见表 1-1。

表　1-1

硬　　件	要　　求
CPU	i5 或以上
内存	8GB 或以上
硬盘	空闲 50GB 以上
显卡	独立显卡
操作系统	Windows7 或以上

2）操作系统中的防火墙可能会造成 RobotStudio 的不正常运行，如无法连接虚拟控制器，所以建议关闭防火墙或对防火墙的参数进行适当的设定。

任务 1-3　RobotStudio 的软件授权管理

工作任务

1．了解 RobotStudio 软件授权的作用。

2．掌握 RobotStudio 授权的操作。

实践操作

一、关于 RobotStudio 的授权

在第一次正确安装 RobotStudio（图 1-4）后，软件提供 30 天的全功能高级版免费试用。30 天以后，如果还未进行授权操作的话，则只能使用基本版的功能。

基本版：提供所选的 RobotStudio 功能，如配置、编程和运行虚拟控制器。还可以通过以太网对实际控制器进行编程、配置和监控等在线操作。

高级版：提供 RobotStudio 所有的离线编程功能和多工业机器人仿真功能。高级版中包含基本版中的所有功能。要使用高级版需进行激活。

RobotStudio 的授权购买可以与 ABB 公司进行联系。针对学校使用 RobotStudio

软件用于教学，有特殊优惠政策，详情可发邮件到 school@robotpartner.cn 进行查询。

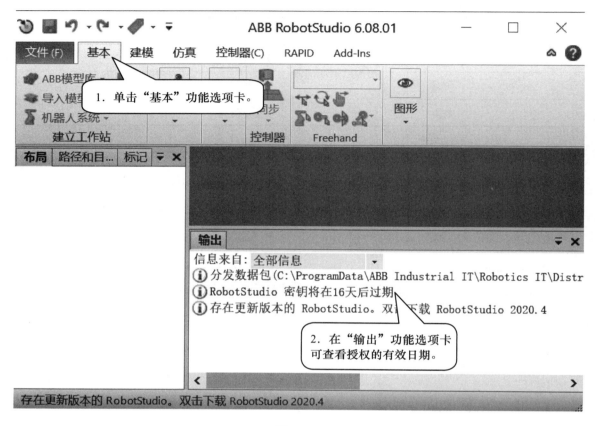

图　1-4

二、激活授权的操作

如果已经从 ABB 获得 RobotStduio 的授权许可证，可以通过两种方式激活 RobotStudio 软件：单机许可证和网络许可证。

💡单机许可证只能激活一台计算机的 RobotStudio 软件，而网络许可证可在一个局域网内建立一台网络许可证服务器，给局域网内的 RobotStudio 客户端进行授权许可，客户端的数量由网络许可证所允许的数量决定。在授权激活后，如果计算机系统出现问题并重新安装 RobotStudio，将会造成授权失效。

在激活之前，应将计算机连接互联网。因为 RobotStudio 可以通过互联网进行激活，这样操作会便捷很多。激活 RobotStudio 的步骤如图 1-5 ～ 图 1-7 所示。

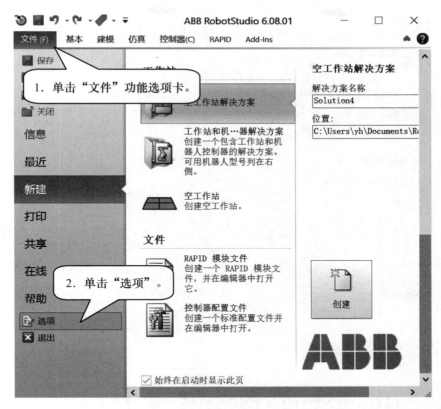

图 1-5

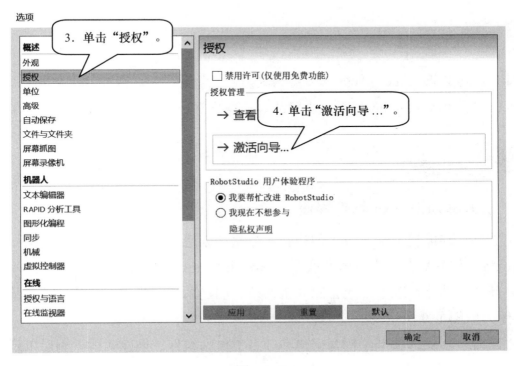

图 1-6

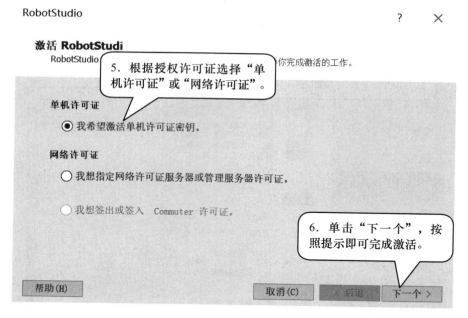

图 1-7

任务 1-4 RobotStudio 的软件界面介绍

 工作任务

1. 了解 RobotStudio 软件界面的构成。
2. 掌握 RobotStudio 界面恢复默认的操作方法。

 实践操作

一、RobotStudio 软件界面

"文件"功能选项卡，包含创建新工作站、创造新工业机器人系统、连接到控制器、将工作站另存为查看器的选项和 RobotStudio 选项，如图 1-8 所示。

"基本"功能选项卡，包含建立工作站、创建系统、路径编程和摆放物体所需的控件，如图 1-9 所示。

"建模"功能选项卡，包含创建和分组工作站组件、创建实体、测量以及其他 CAD 操作所需的控件，如图 1-10 所示。

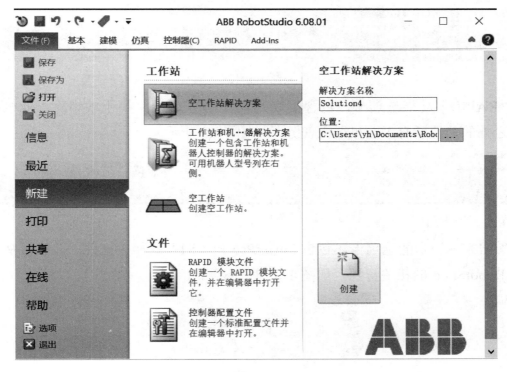

图　1-8

图　1-9

图　1-10

"仿真"功能选项卡，包含创建、控制、监控和记录仿真所需的控件，如图 1-11 所示。

图　1-11

"控制器"功能选项卡，包含用于虚拟控制器（VC）的同步、配置和分配给它的任务控制措施，以及用于管理真实控制器的控制功能，如图 1-12 所示。

图　1-12

"RAPID"功能选项卡，包含集成的 RAPID 编辑器，用于编辑除工业机器人运动之外的其他所有工业机器人任务，如图 1-13 所示。

图　1-13

"Add-Ins"功能选项卡，包含 PowerPac 和 VSTA 的相关控件，并且可从这里下载 RobotStuio 的相关资源，如图 1-14 所示。

图　1-14

二、恢复默认 RobotStudio 界面的操作

刚开始操作 RobotStudio 时，常常会遇到操作窗口被意外关闭，无法找到对应的操作对象和查看相关的信息，如图 1-15 所示。

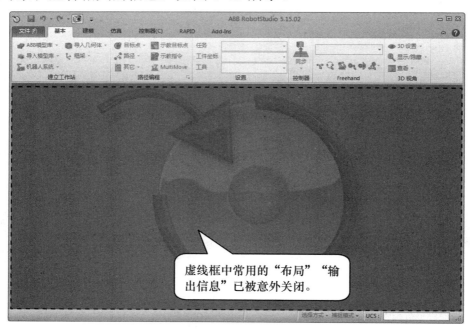

图　1-15

可进行图 1-16 所示的操作恢复默认的 RobotStudio 界面。

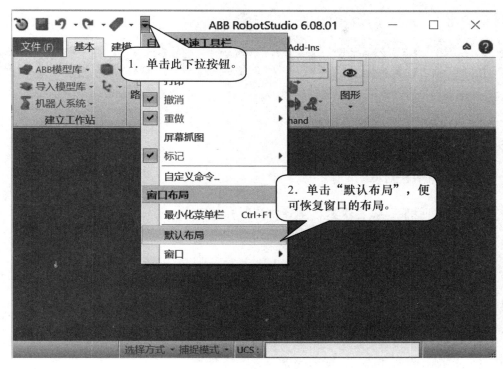

图　1-16

学习检测

技能自我学习检测评分表见表 1-2。

表　1-2

项　　目	技　术　要　求	分　　值	评 分 细 则	评 分 记 录	备　注
了解工业机器人数字虚拟仿真应用技术	能够正确理解工业机器人数字虚拟仿真应用技术	25	1. 理解流程 2. 操作流程		
安装 RobotStudio	能够正确安装 RobotStudio	25	1. 理解流程 2. 操作流程		
RobotStudio 的授权管理	能够完成 RobotStudio 的授权与管理	25	1. 理解流程 2. 操作流程		
RobotStudio 的操作界面	熟练使用 RobotStudio 的界面与功能	25	1. 理解流程 2. 熟练操作		

项目 2　构建基本仿真工业机器人工作站

 **教学目标**

1. 学会工业机器人工作站的基本布局方法。
2. 学会加载工业机器人及周边的模型。
3. 学会创建工件坐标。
4. 学会手动操作工业机器人。
5. 学会模拟仿真工业机器人运动轨迹。
6. 学会录制视频和制作独立播放 EXE 文件。

任务 2-1　布局工业机器人基本工作站

 工作任务

1. 加载工业机器人及周边的模型。
2. 学会工业机器人工作站的合理布局。

 实践操作

一、了解工业机器人工作站（图 2-1）

此工作站打包文件可以在微信中搜索公众号"叶晖老湿"关注后进行下载。

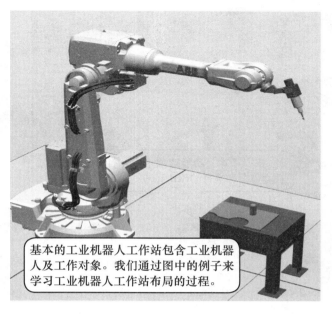

基本的工业机器人工作站包含工业机器人及工作对象。我们通过图中的例子来学习工业机器人工作站布局的过程。

图　2-1

二、导入工业机器人

导入工业机器人的操作如图 2-2、图 2-3 所示。

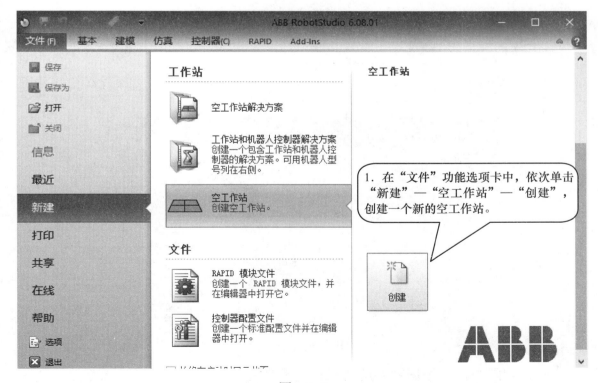

图　2-2

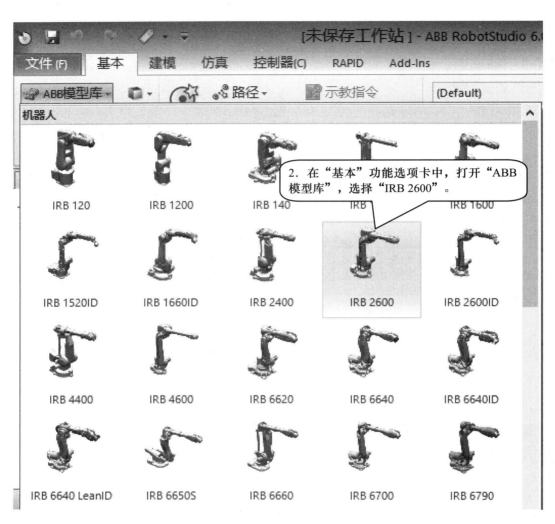

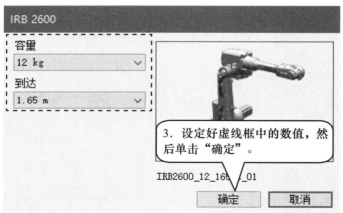

图 2-2（续）

💡在实际中，要根据项目的要求选定具体的工业机器人型号、承重能力及到达距离。

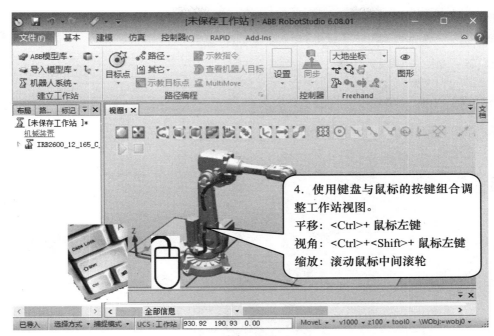

图 2-3

三、加载工业机器人的工具

加载工业机器人工具的操作如图 2-4 ～图 2-6 所示。

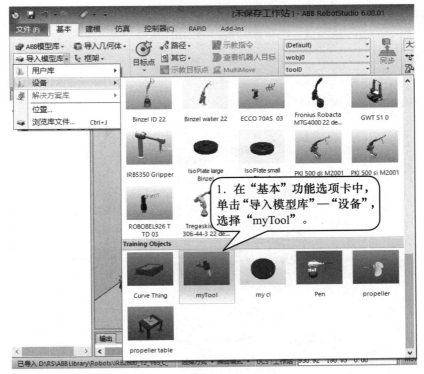

图 2-4

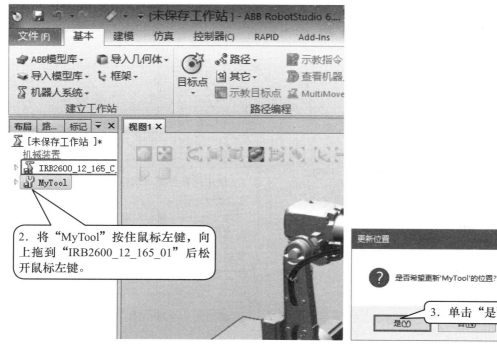

2. 将"MyTool"按住鼠标左键,向上拖到"IRB2600_12_165_01"后松开鼠标左键。

3. 单击"是"。

图 2-4（续）

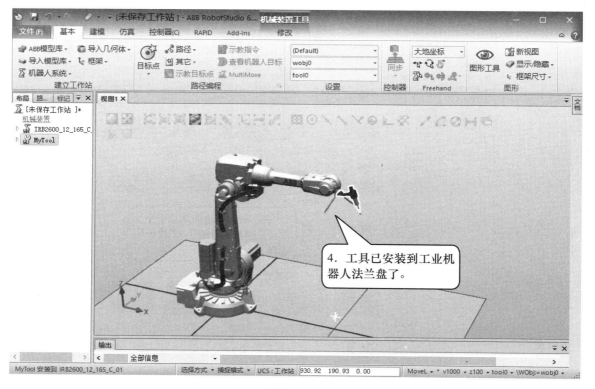

4. 工具已安装到工业机器人法兰盘了。

图 2-5

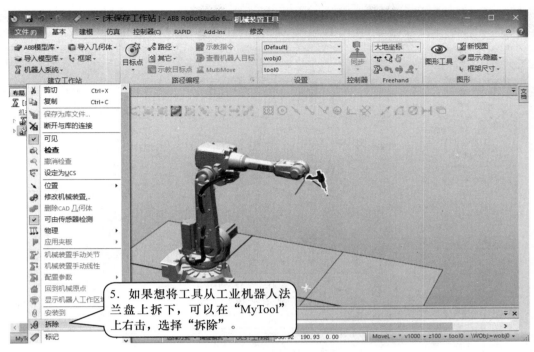

图　2-6

四、摆放周边的模型

摆放周边模型的操作如图 2-7 ～图 2-17 所示。

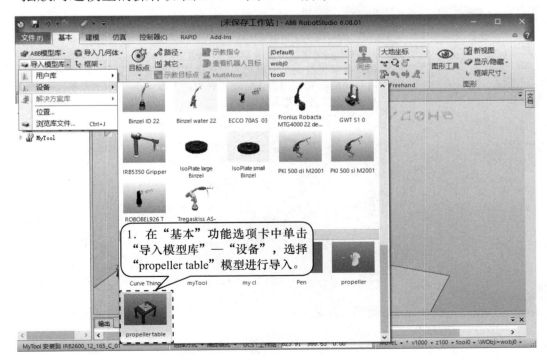

图　2-7

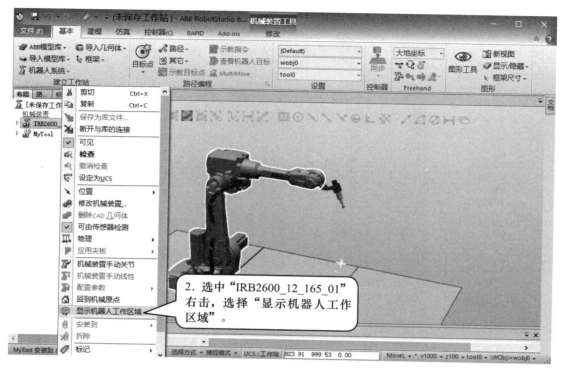

图 2-8

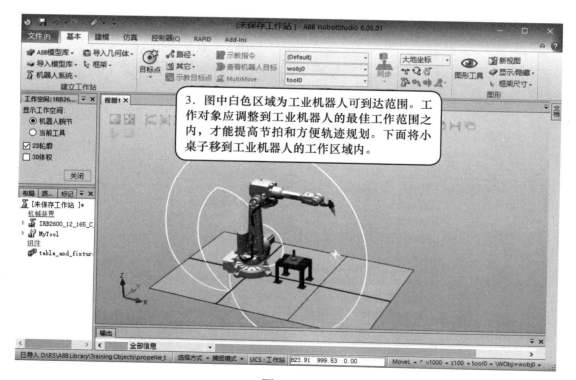

图 2-9

要移动对象，则要用到 Freehand 工具栏功能，如图 2-10 所示。

4. 在"Freehand"选项组中，选定大地坐标和单击移动按钮。

拖放对象。

图　2-10

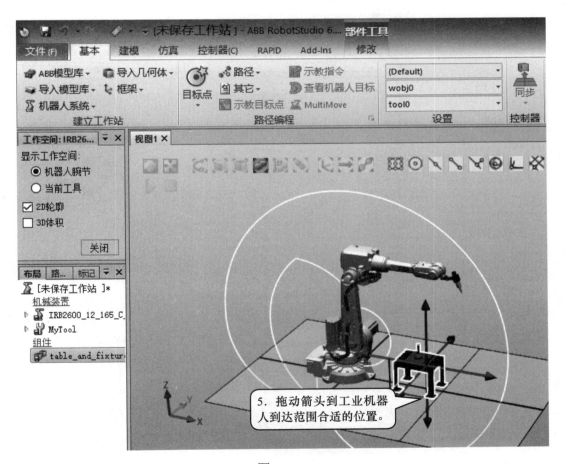

5. 拖动箭头到工业机器人到达范围合适的位置。

图　2-11

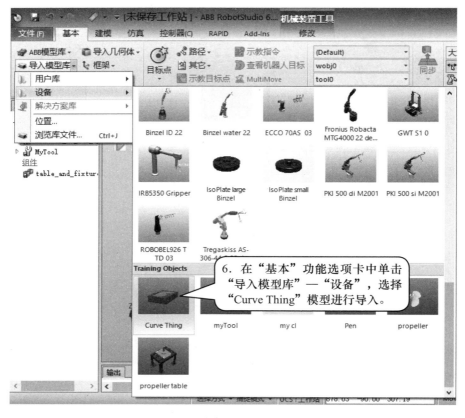

图　2-12

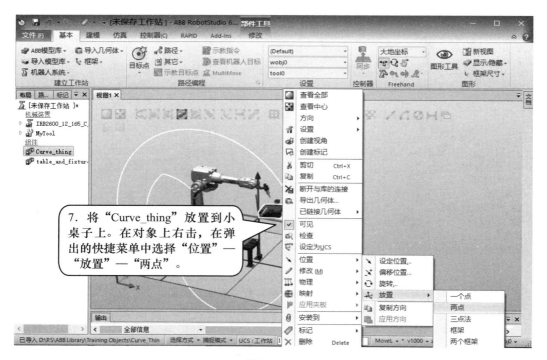

图　2-13

为了能够准确捕捉对象特征，需要正确地选择捕捉工具，如图 2-14 虚线框所示。

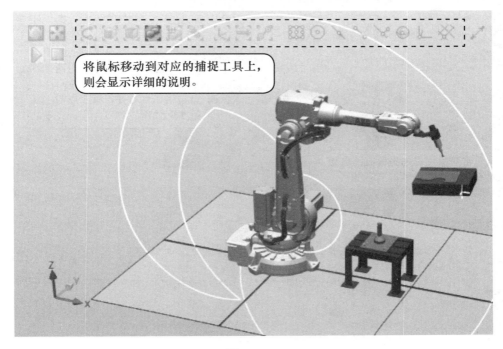

将鼠标移动到对应的捕捉工具上，则会显示详细的说明。

图　2-14

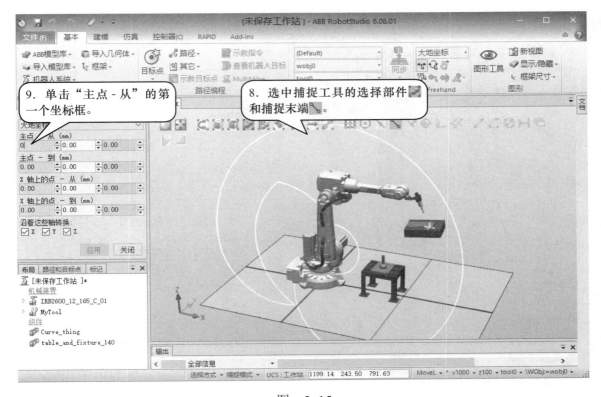

9. 单击"主点 - 从"的第一个坐标框。

8. 选中捕捉工具的选择部件和捕捉末端。

图　2-15

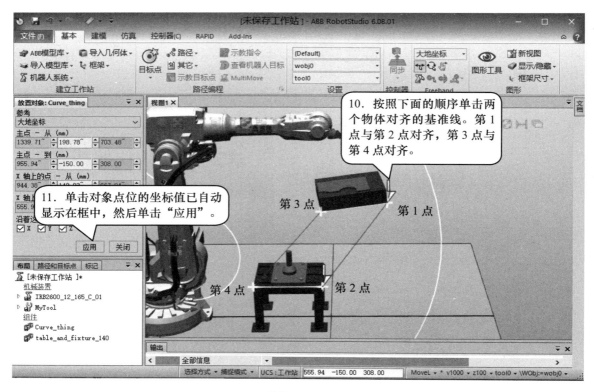

图　2-16

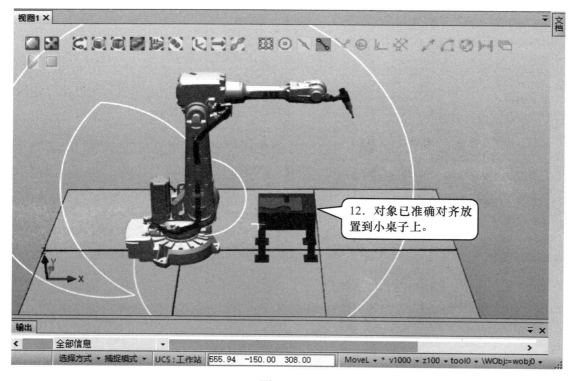

图　2-17

任务2-2 建立工业机器人系统与手动操作

 工作任务

1. 建立工业机器人系统。
2. 学会工业机器人的手动操作模式。

 实践操作

一、建立工业机器人系统

建立工业机器人系统的具体步骤如图2-18～图2-20所示。

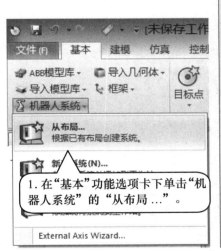

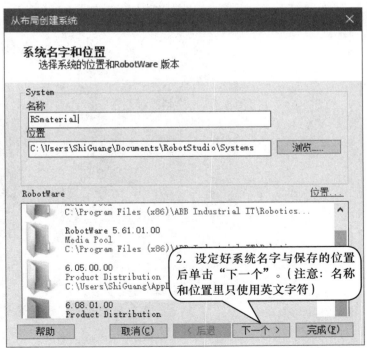

图 2-18

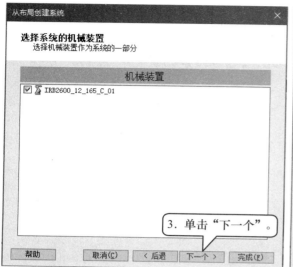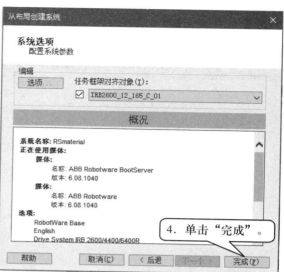

图 2-19

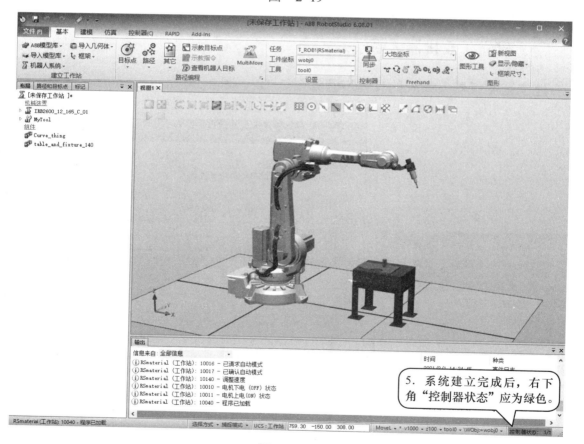

图 2-20

如果此时还觉得工业机器人与周边设备的位置不合适，可以按照图 2-21、图 2-22 所示的步骤进行调整操作。

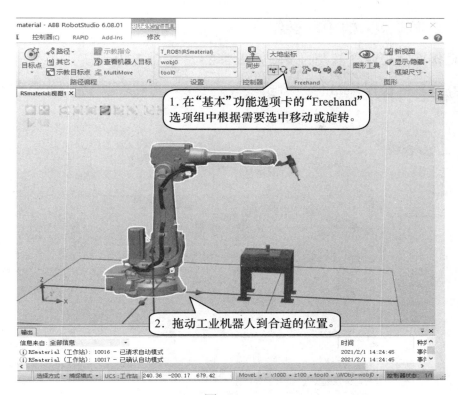

图 2-21

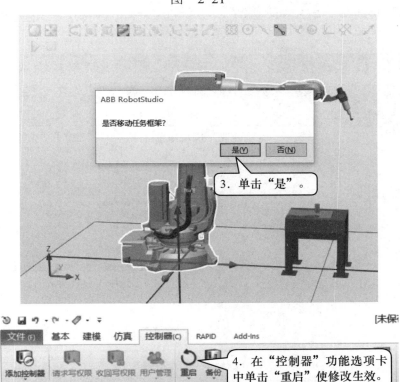

图 2-22

二、工业机器人的手动操作

1）直接拖动工业机器人的步骤如图 2-23 ～图 2-25 所示。

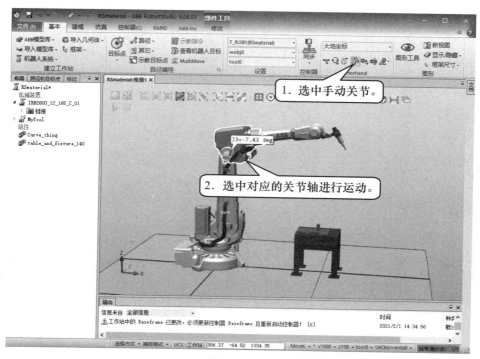

图 2-23

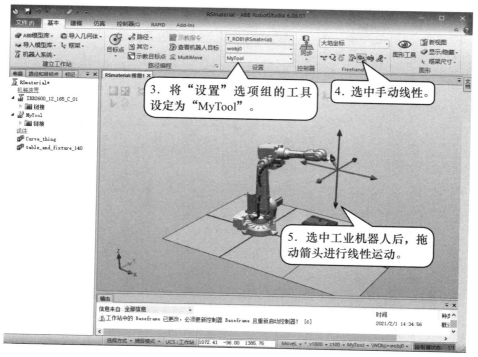

图 2-24

图　2-25

2）精确手动工业机器人的操作步骤如图 2-26 ～图 2-28 所示。

图　2-26

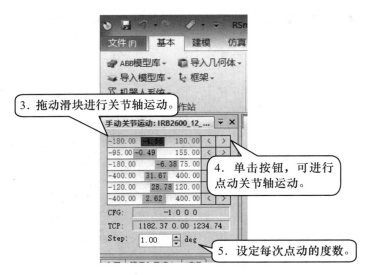

图 2-27

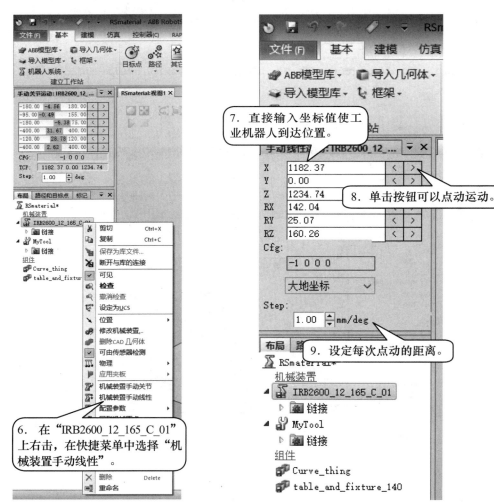

图 2-28

3）回到机械原点的操作如图 2-29 所示。

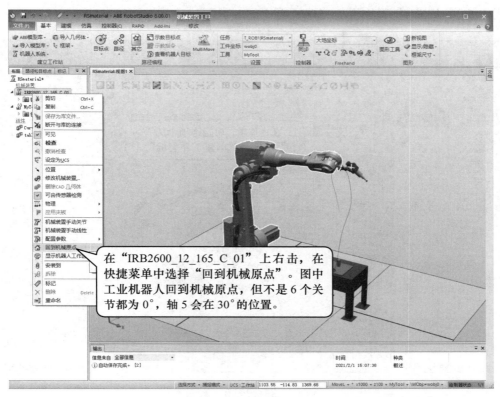

图 2-29

在"IRB2600_12_165_C_01"上右击，在快捷菜单中选择"回到机械原点"。图中工业机器人回到机械原点，但不是 6 个关节都为 0°，轴 5 会在 30°的位置。

任务 2-3 创建工业机器人工件坐标与轨迹程序

工作任务

1. 建立工业机器人工件坐标。
2. 创建工业机器人运动轨迹程序。

实践操作

一、建立工业机器人工件坐标

与真实的工业机器人一样，也需要在 RobotStudio 中对工件对象建立工件坐标。关于工件坐标的定义，请参考机械工业出版社出版的《工业机器人实操与应用技

巧　第 2 版》（书号：ISBN 978-7-111-57493-4）中的详细说明。建立工业机器人工件坐标的操作步骤如图 2-30 ～图 2-34 所示。

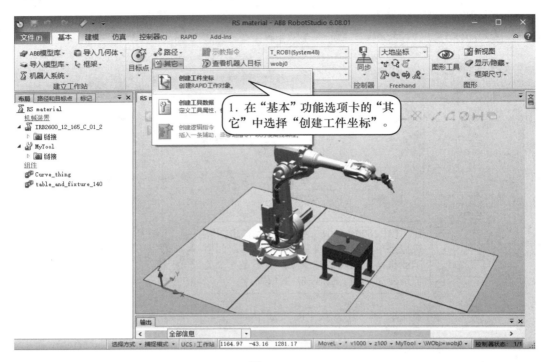

图　2-30

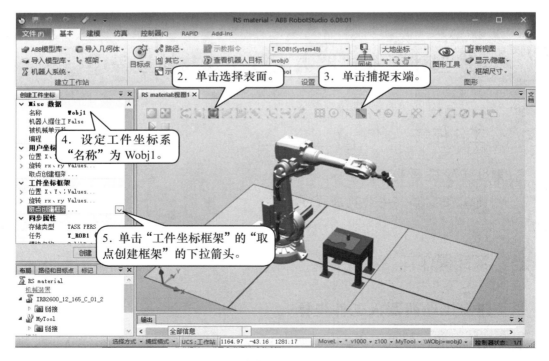

图　2-31

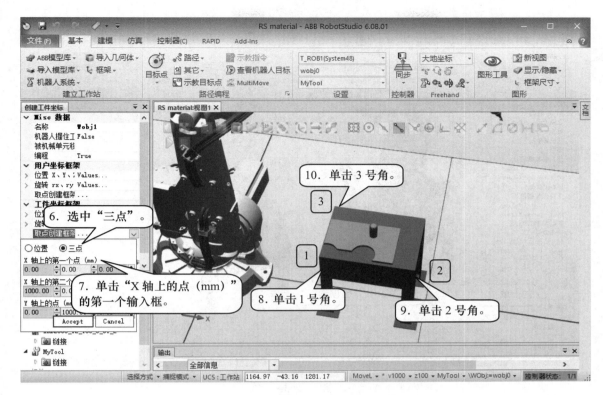

图　2-32

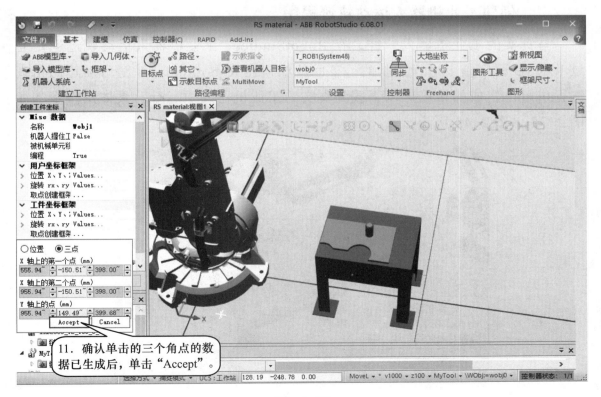

图　2-33

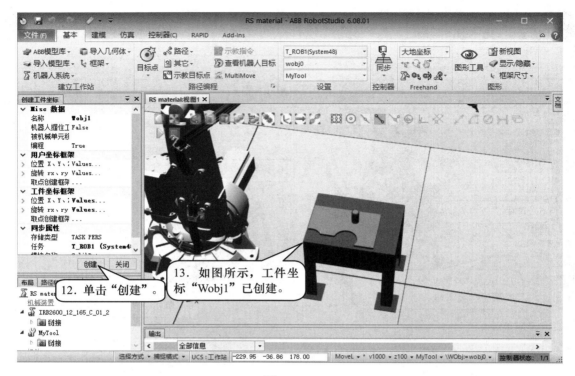

图　2-34

二、创建工业机器人运动轨迹程序

与真实的工业机器人一样，在 RobotStudio 中工业机器人运动轨迹也是通过 RAPID 程序指令进行控制的。下面就如何在 RobotStudio 中进行轨迹的仿真进行讲解，生成的轨迹可以下载到真实的工业机器人中运行。具体操作步骤如图 2-35 ～图 2-45 所示。

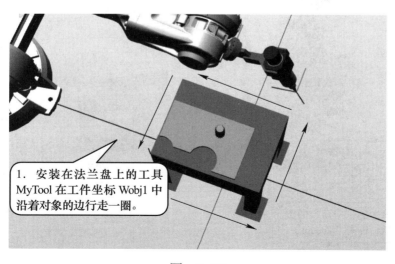

图　2-35

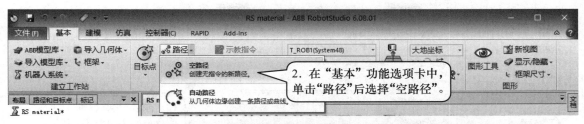

图　2-36

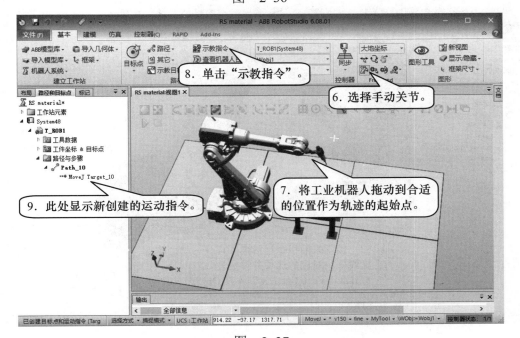

图　2-37

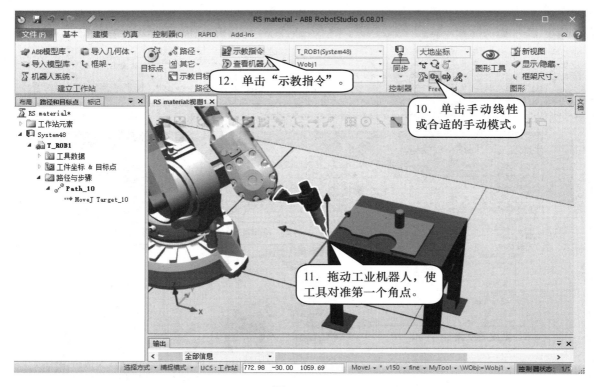

图 2-38

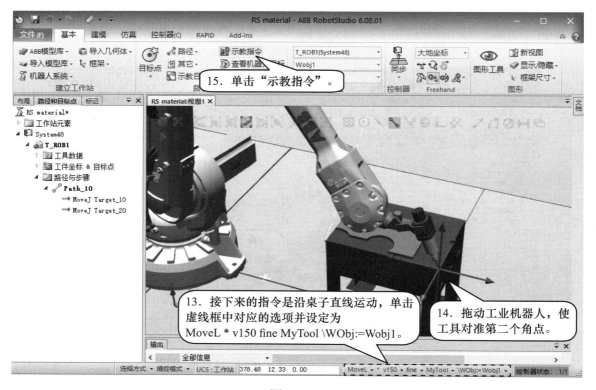

图 2-39

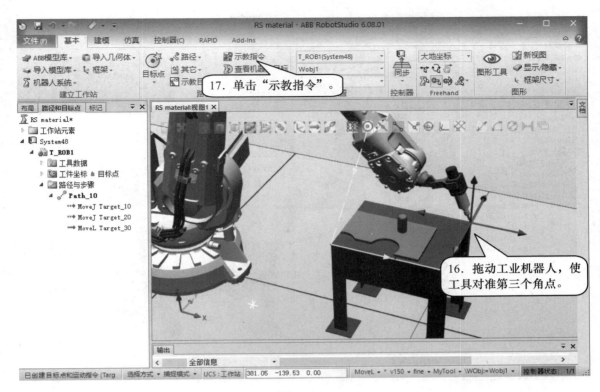

图　2-40

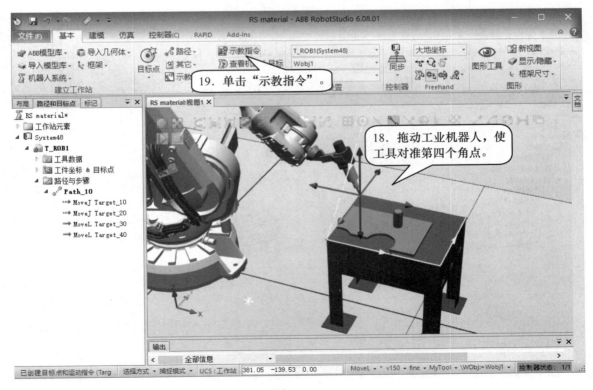

图　2-41

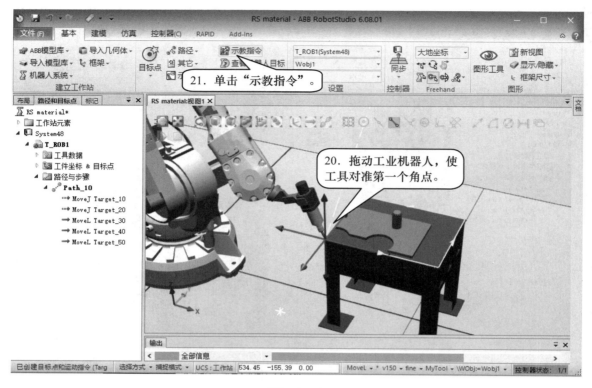

图　2-42

图　2-43

图　2-44

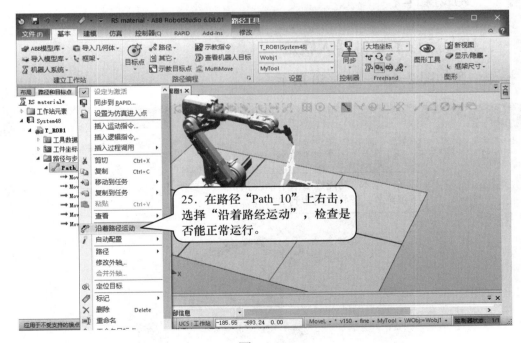

图　2-45

在创建工业机器人轨迹指令程序时，要注意以下的事情：

1）手动线性时，要注意观察各关节轴是否会接近极限而无法拖动，这时要适当做出姿态的调整。观察关节轴角度的方法请参考任务 2-2 中精确手动的第 3 步。

2）在示教轨迹的过程中，如果出现工业机器人无法到达工件的情况，可适当调整工件的位置再进行示教。

3）关于 MoveJ 和 MoveL 指令的使用说明，请参考《工业机器人实操与应用技巧 第2版》（书号：ISBN 978-7-111-57493-4）中的详细说明。

4）在示教的过程中，要适当调整视角，这样可以更好的观察。

任务 2-4 仿真运行工业机器人及录制视频

工作任务

1．仿真运行工业机器人轨迹。

2．将工业机器人的仿真录制成视频。

实践操作

一、仿真运行工业机器人轨迹

操作步骤如图 2-46 ～图 2-50 所示。

图 2-46

在 RobotStudio 中，为保证虚拟控制器中的数据与工作站数据一致，需要将虚拟控制器与工作站的数据进行同步。当工作站中数据修改后，则需要执行"同步到 VC"；反之则需要执行"同步到工作站"。

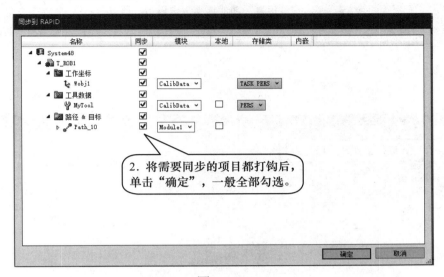

图　2-47

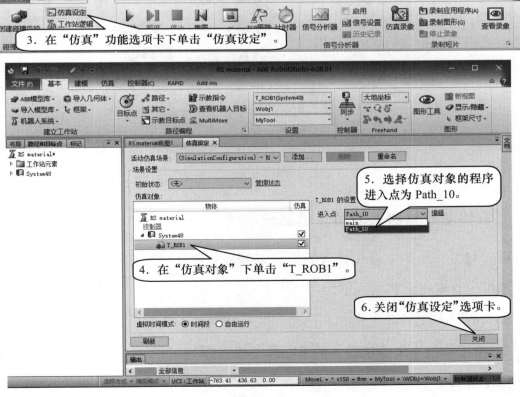

图　2-48

图　2-49

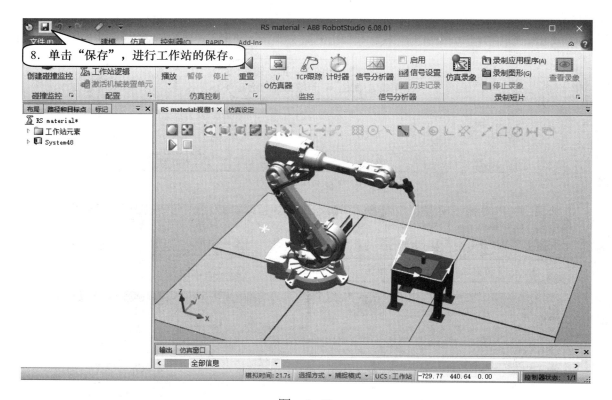

图　2-50

二、将工业机器人的仿真录制成视频

可以将工作站中工业机器人的运行录制成视频，以便在没有安装 RobotStudio 的计算机中查看工业机器人的运行。另外，还可以将工作站制作成 exe 可执行文件，进行更灵活的工作站的查看。

1. 将工作站中工业机器人的运行录制成视频

操作步骤如图 2-51 ～图 2-53 所示。

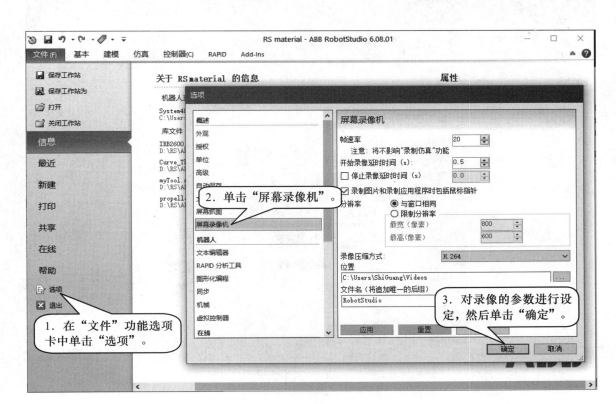

图 2-51

图 2-52

图 2-53

2. 将工作站制作成 exe 可执行文件

操作步骤如图 2-54 ~图 2-56 所示。

图　2-54

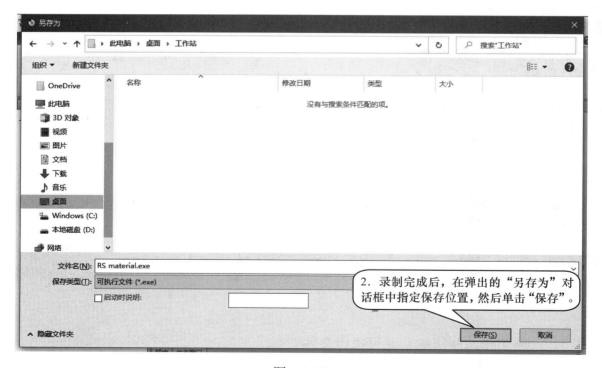

图　2-55

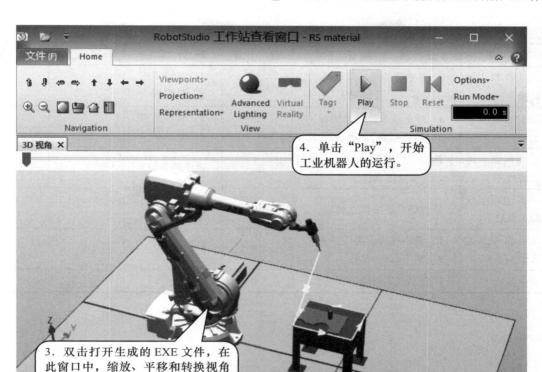

图 2-56

为了提高与各种版本 RobotStudio 的兼容性，建议在 RobotStudio 中做任何保存的操作时，保存的路径和文件名字最好使用英文字符。

学习检测

技能自我学习检测评分表见表 2-1。

表 2-1

项 目	技 术 要 求	分 值	评 分 细 则	评分记录	备 注
加载工业机器人及周边的模型	能够正确完成加载的操作	10	1. 理解流程 2. 操作流程		
工作站的合理布局	能够正确确定工业机器人与周边模型的合理布局	10	1. 理解流程 2. 操作流程		
建立工业机器人系统	1. 理解什么是工业机器人系统 2. 完成工业机器人系统的建立	10	1. 理解流程 2. 操作流程		

（续）

项　　目	技　术　要　求	分　　值	评　分　细　则	评分记录	备　　注
工业机器人的手动操作模式	熟练使用关节、线性及重定位手动操作工业机器人	10	1．理解流程 2．熟练操作		
工业机器人工件坐标	1．理解什么是工件坐标 2．熟练完成工件坐标建立	10	1．理解原理 2．熟练操作		
工业机器人运动轨迹程序	熟练完成路径创建、示教指令、同步及仿真的操作	10	熟练操作		
仿真运行工业机器人轨迹	掌握仿真的操作方法	10	熟练操作		
工业机器人的仿真录制成视频	1．录制视频的操作 2．制作 EXE 文件	10	熟练操作		
安全操作	符合上机实训操作要求	20			

项目 3 RobotStudio 中的建模功能

教学目标

1. 学会使用 RobotStudio 进行基本的建模。
2. 学会 RobotStudio 中测量工具的使用。
3. 学会创建机械装置并进行设置。
4. 学会创建工具并进行设置。

任务 3-1 建模功能的使用

工作任务

1. 使用 RobotStudio 建模功能进行 3D 模型的创建。
2. 对 3D 模型进行相关设置。

实践操作

当使用 RobotStudio 进行工业机器人的仿真验证时，如节拍、到达能力等，若对周边模型的要求不是非常细致，可以通过软件的建模功能，用简单的等同实际大小的基本模型进行代替，从而节约仿真验证的时间。如图 3-1 所示。

如果需要详细的 3D 模型，可以通过第三方的建模软件进行建模，并通过 *.stp、*.igs 等格式导入到 RobotStudio 中来完成建模布局的工作。目前，RobotStudio 支持如 UG NX、CATIA、SolidWorks 等主流建模软件的模型格式直接导入。

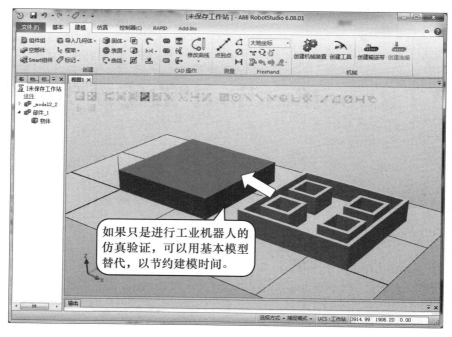

图　3-1

一、使用 RobotStudio 建模功能进行 3D 模型的创建

操作步骤如图 3-2 ～图 3-4 所示。

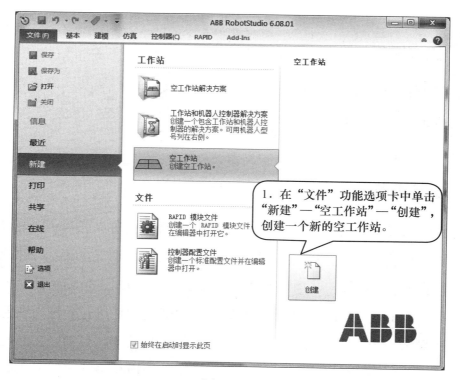

图　3-2

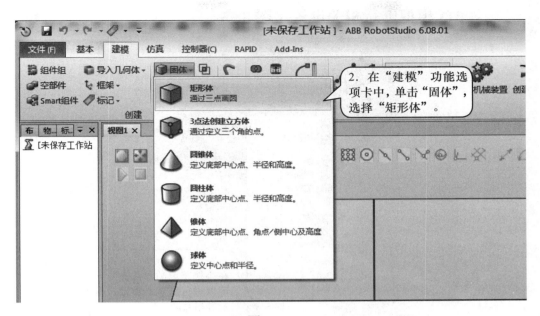

图 3-3

RobotStudio 提供了常用的体素特征，如矩形体、圆锥体、圆柱体、锥体、球体，如图 3-3 所示。

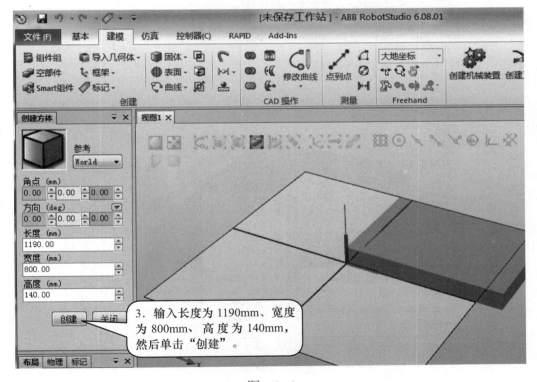

图 3-4

二、对 3D 模型进行相关设置（图 3-5）

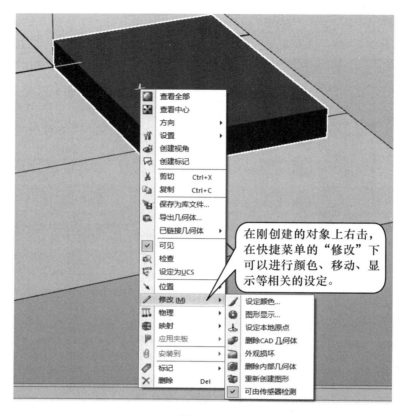

图 3-5

三、导出几何体（图 3-6）

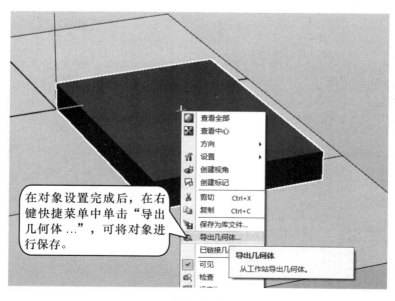

图 3-6

 为了提高与各种版本 RobotStudio 的兼容性，建议在 RobotStudio 中做任何保存的操作时，保存的路径和文件名字最好使用英文字符。

任务 3-2 测量工具的使用

 工作任务

正确使用测量工具进行测量。

实践操作

一、测量矩形体的长度

测量矩形体（垛板）长度的步骤如图 3-7 所示。

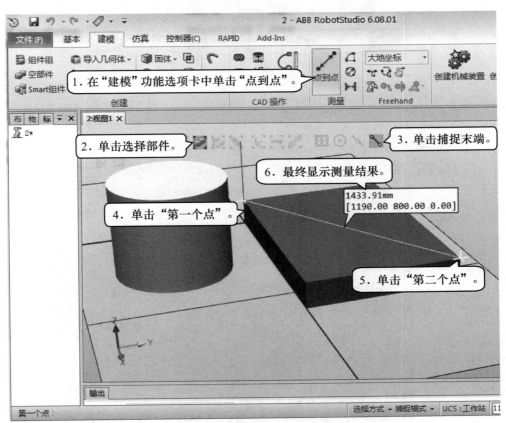

图 3-7

二、测量锥体的角度

测量锥体顶角角度的步骤如图 3-8、图 3-9 所示。

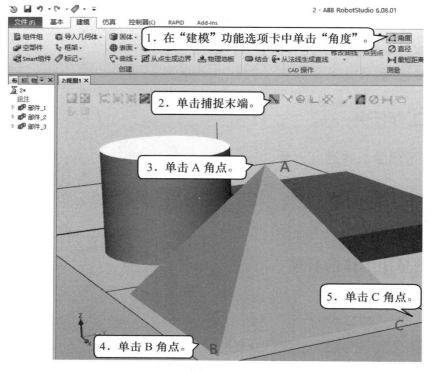

图　3-8

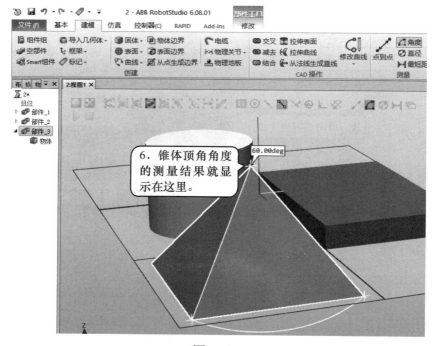

图　3-9

三、测量圆柱体的直径

测量圆柱体直径的步骤如图 3-10、图 3-11 所示。

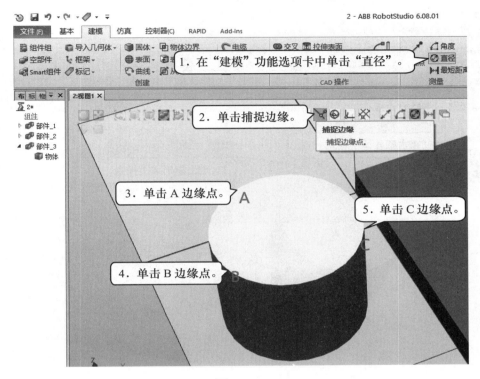

图　3-10

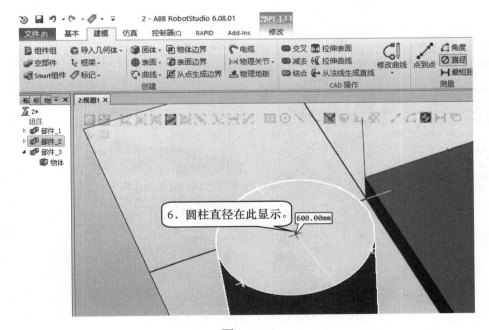

图　3-11

四、测量两个物体间的最短距离

测量两个物体间的最短距离的步骤如图 3-12、图 3-13 所示。

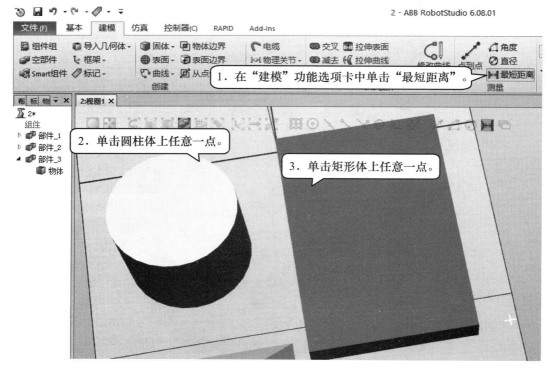

图　3-12

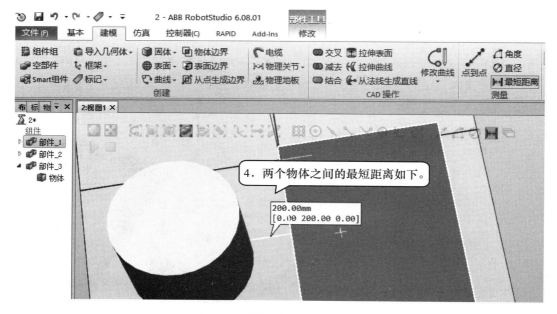

图　3-13

五、测量的技巧

测量的技巧主要体现在能够正确地选择运用合适的"选择类型"和"点的捕捉模式",如图 3-14 所示。

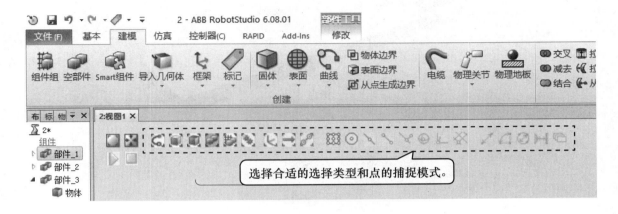

图　3-14

任务 3-3　创建机械装置

工作任务

1. 创建一个滑台的模型。
2. 建立滑台的机械运动特性。

实践操作

在工作站中,为了更好地展示效果,会为工业机器人周边的模型制作动画仿真效果,如输送带、夹具和滑台等。这里就以创建机械装置的一个能够滑动的滑台为例开展这项任务,滑台装置如图 3-15 所示。具体步骤如图 3-16 ～图 3-36 所示。

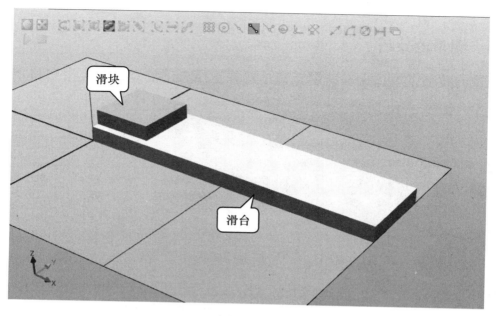

图　3-15

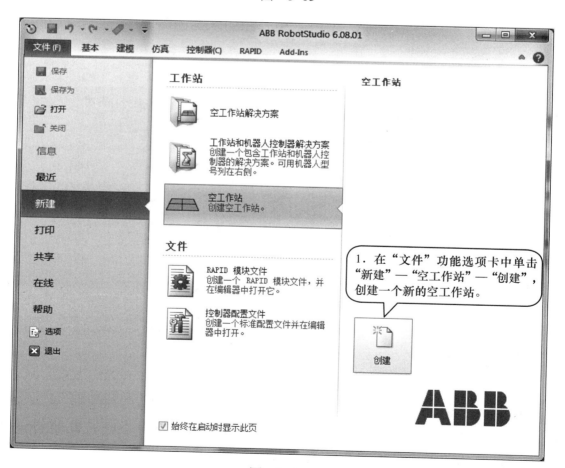

图　3-16

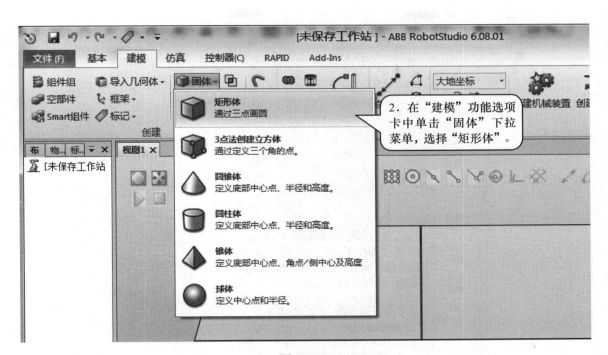

图　3-17

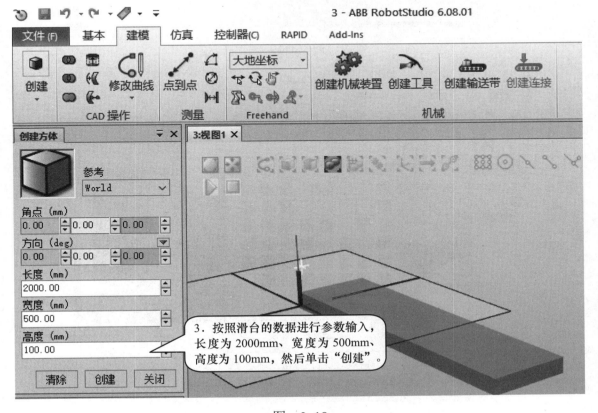

图　3-18

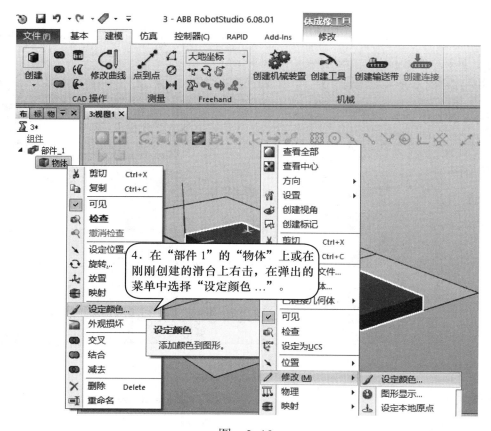

图　3-19

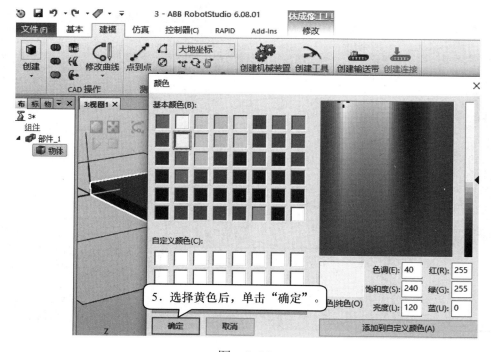

图　3-20

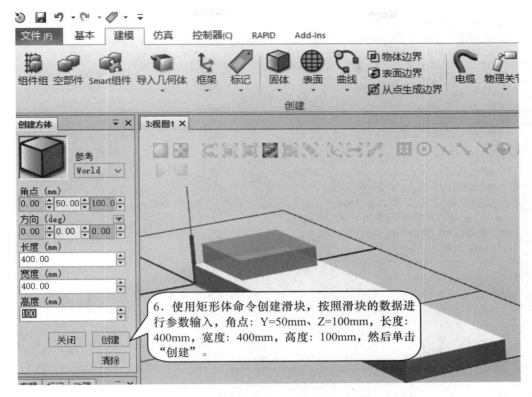

图 3-21

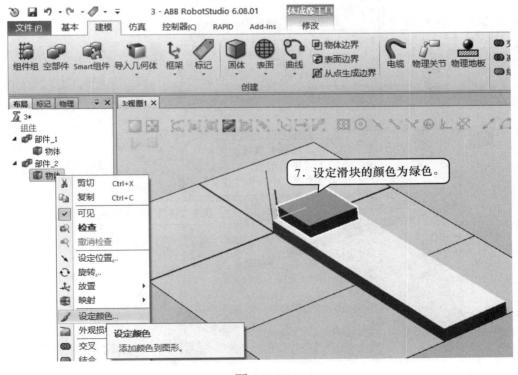

图 3-22

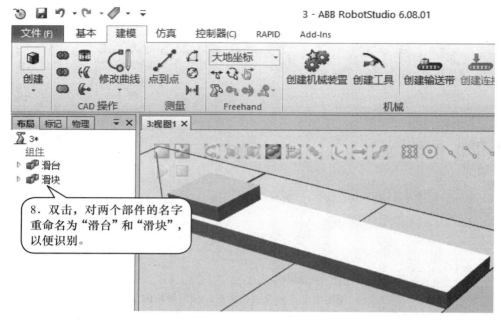

图　3-23

为了提高与各种版本 RobotStudio 的兼容性，建议在 RobotStudio 中做任何保存操作时，保存的路径和文件名称最好使用英文字符。如果只用于本地，文件名称也可以使用中文，方便识别。

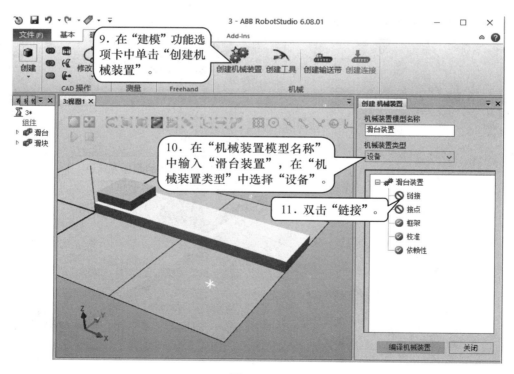

图　3-24

此处的"链接"相当于机械原理中学到的连杆。

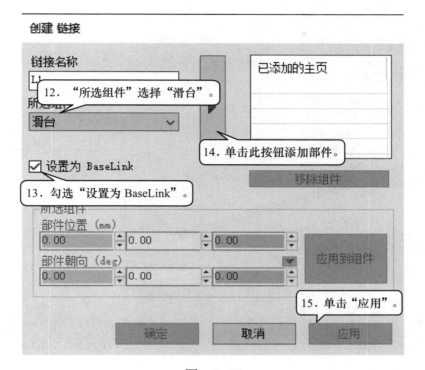

图　3-25

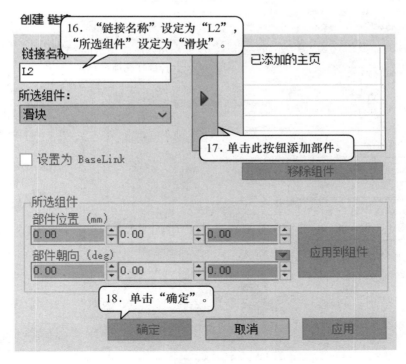

图　3-26

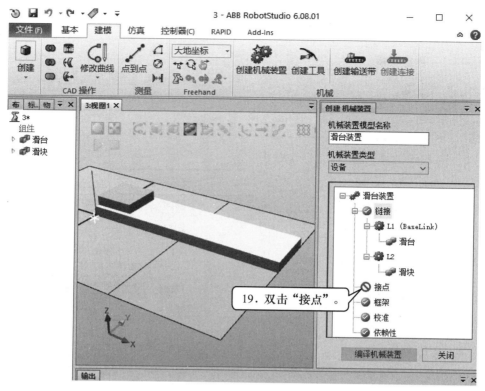

图 3-27

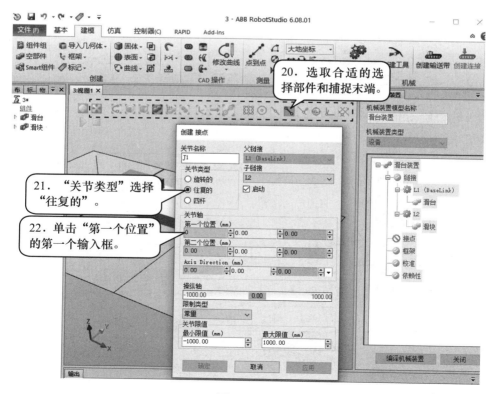

图 3-28

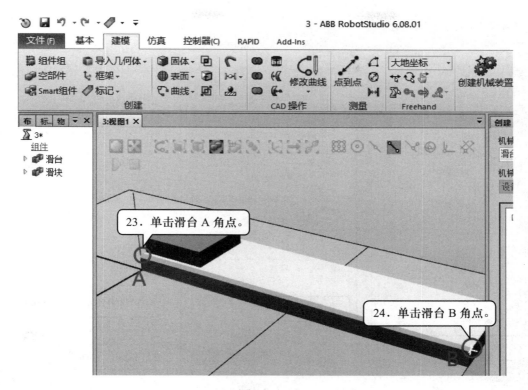

图　3-29

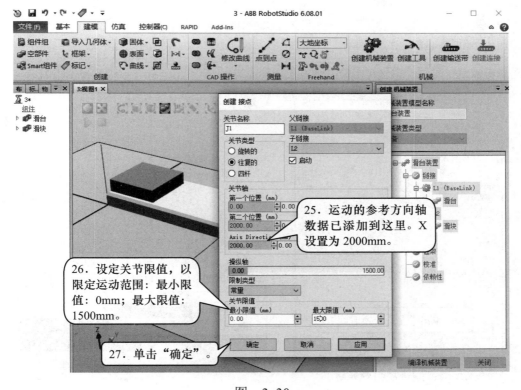

图　3-30

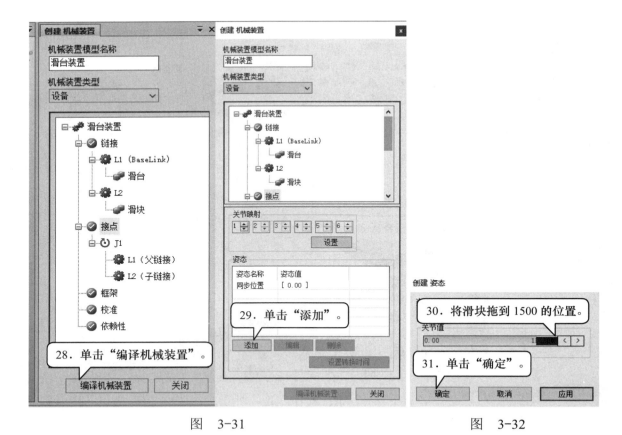

図　3-31　　　　　　　　　　　　　　　図　3-32

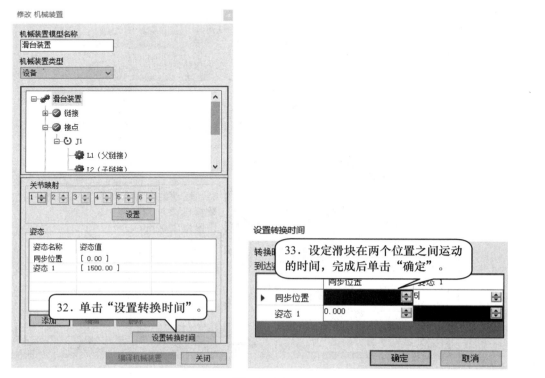

図　3-33

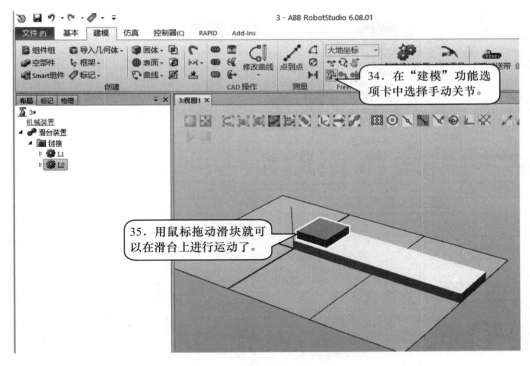

图　3-34

图　3-35

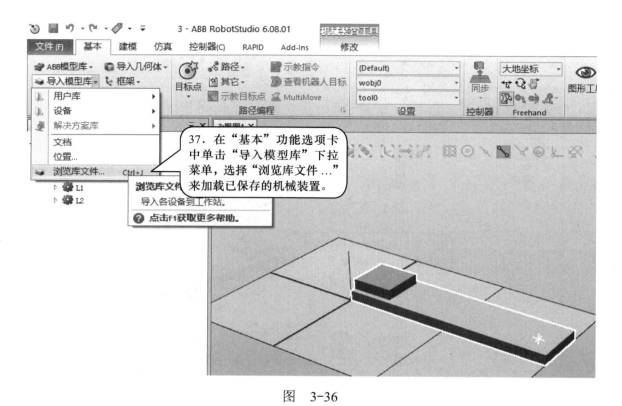

图　3-36

任务 3-4　创建工业机器人用工具

工作任务

1. 设定工具的本地原点。
2. 创建工具坐标系框架。
3. 创建工具。

实践操作

在构建工业机器人工作站时，工业机器人法兰盘末端会安装用户自定义的工具，我们希望的是用户工具能够像 RobotStudio 模型库中的工具一样，安装时能够自动安装到工业机器人法兰盘末端并保证坐标方向一致，并且能够在工具的末端自动生成工具坐标系，从而避免工具方面的仿真误差。在本任务中，我们就来学习一下如何将导入的 3D 工具模型创建成具有工业机器人工作站特性的工具（Tool）。

一、设定工具的本地原点

由于用户自定义的 3D 模型由不同的三维设计软件绘制而成，并转换成特定的文件格式，导入到 RobotStudio 软件中可能会出现图形特征丢失的情况，在 RobotStudio 中做图形处理时某些关键特征无法处理。这个问题在多数情况下都可以采用变向的方式来做出同样的处理效果，在本任务中就特意选取了一个缺失图形特性的工具模型。在创建过程中会遇到类似的问题，下面介绍针对此类问题的解决方法。

本次使用的工具在 UG NX 软件中打开，如图 3-37 所示。注意工具模型与绝对坐标系的位置关系，待该工具模型导入到 RobotStudio 软件后，会自动匹配 RobotStudio 的大地坐标系，工具模型与 RobotStudio 的大地坐标系的位置关系与之前在 UG NX 软件当中一致。

工具的安装原理为：工具模型的本地坐标系与工业机器人法兰盘坐标系 Tool0 重合，工具末端的工具坐标系框架即作为工业机器人的工具坐标系，所以需要对此工具模型做两步图形处理。首先在工具法兰盘端创建本地坐标系框架，之后在工具末端创建工具坐标系框架。这样自建的工具就有了跟系统库里默认的工具同样的属性了。如图 3-38 所示。

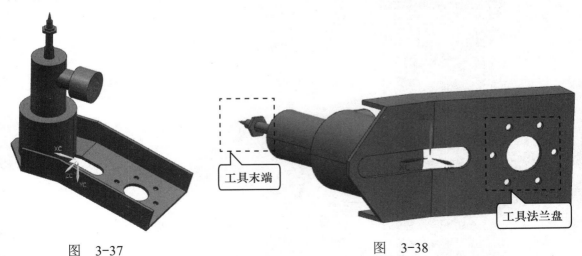

图　3-37　　　　　　　　　　图　3-38

在图形处理过程中，为了避免工作站地面特征影响视线及捕捉，先将地面设定为隐藏。设定工具本地原点的具体步骤如图 3-39 ～图 3-59 所示。

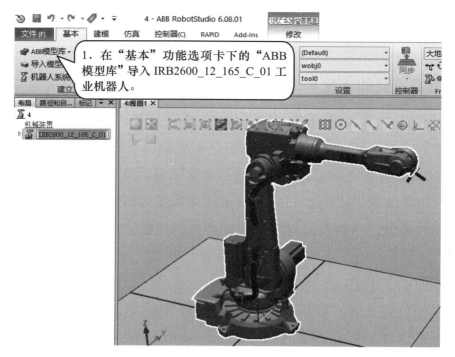

图　3-39

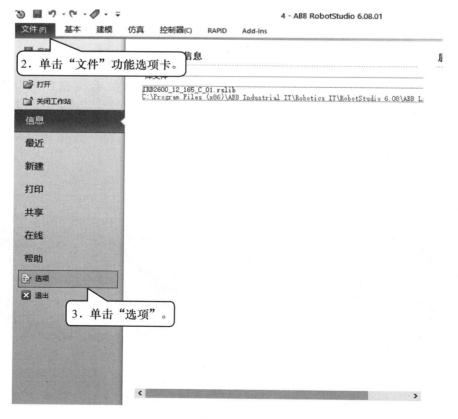

图　3-40

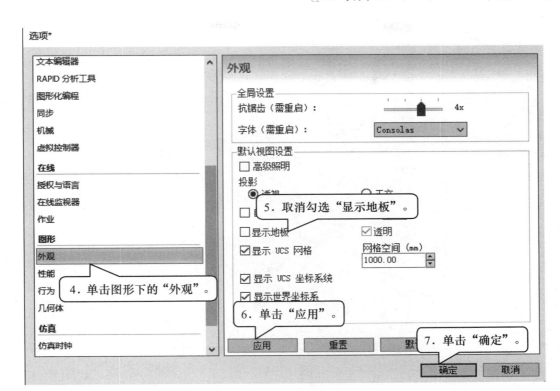

图 3-41

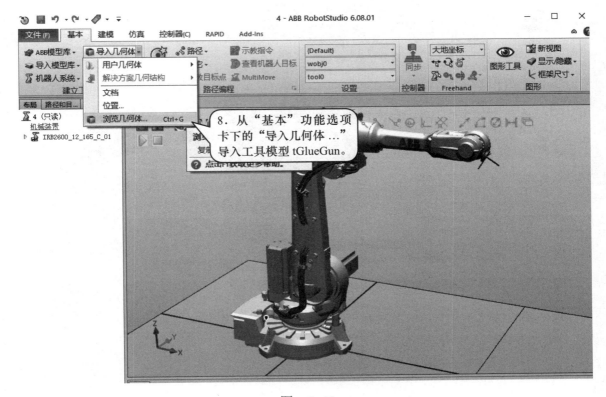

图 3-42

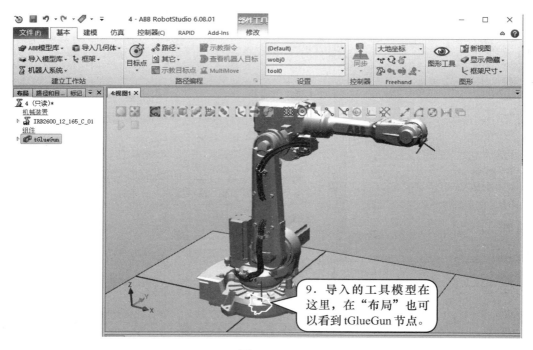

图　3-43

为了便于观察及处理，将工业机器人模型隐藏，如图3-44所示。

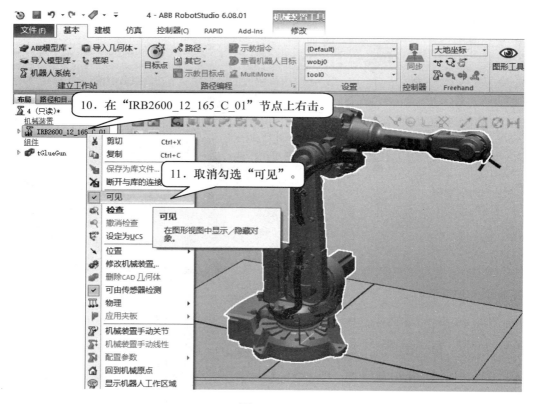

图　3-44

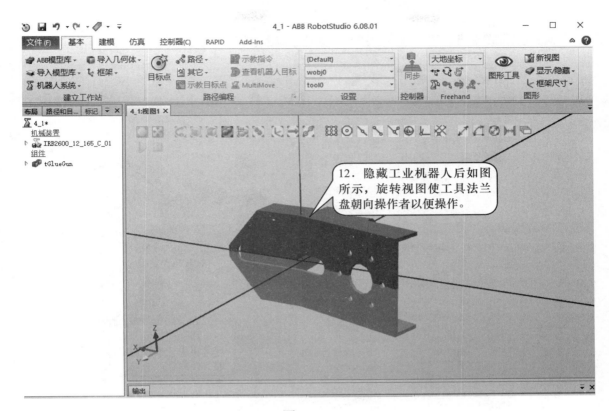

图　3-45

首先来放置一下工具模型的位置，使其法兰盘所在面与大地坐标系正交，以便于处理坐标系的方向，如图 3-46。

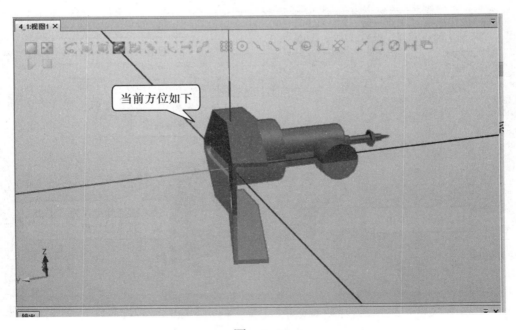

图　3-46

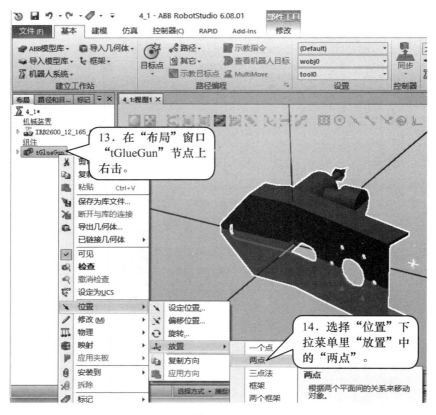

图　3-47

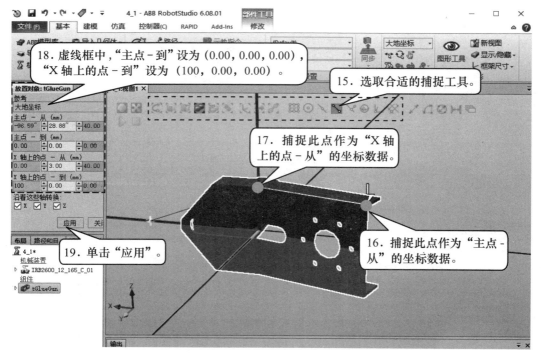

图　3-48

此时工具模型如图 3-49 所示

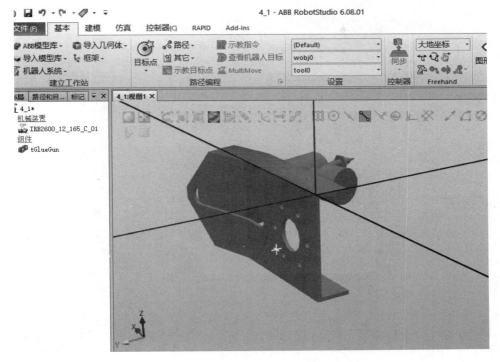

图   3-49

此时，需要将工具法兰盘圆孔中心作为该模型本地坐标系的原点，但由于此模型特征丢失，导致无法用现有的捕捉工具捕捉到此中心点，所以需要添加辅助曲线。辅助曲线主要有两种添加方式：①使用"表面边界"命令提取法兰盘圆孔所在表面的圆弧曲线；②使用"三点画圆"命令创建新的特征圆。本项目使用第二种方法。

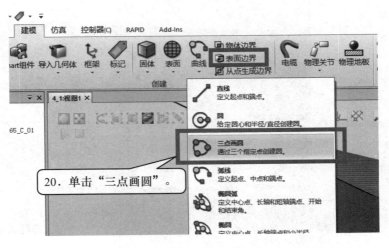

图   3-50

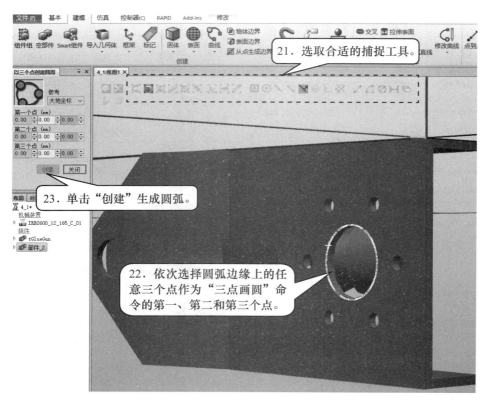

图　3-51

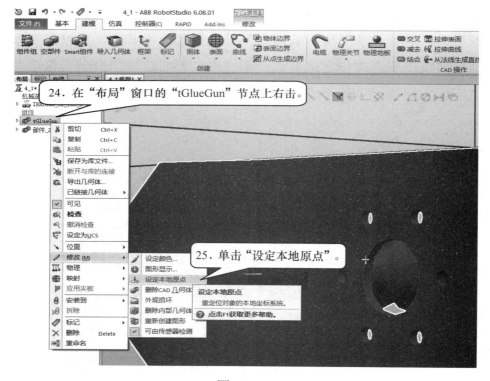

图　3-52

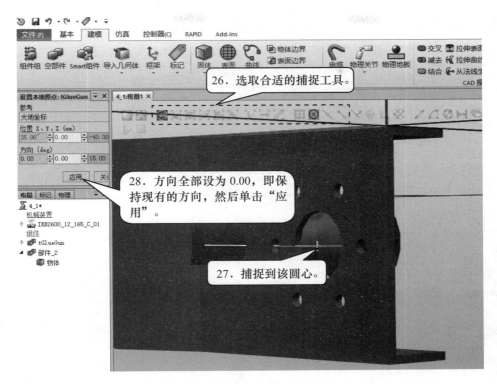

图　3-53

图　3-54

图 3-55 种虚线框将所有数值设定为 0.00，即将工具模型移动至工作站大地坐标原点处。

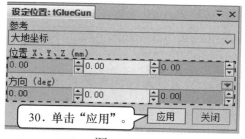

图　3-55

设置完成后如图 3-56 所示。

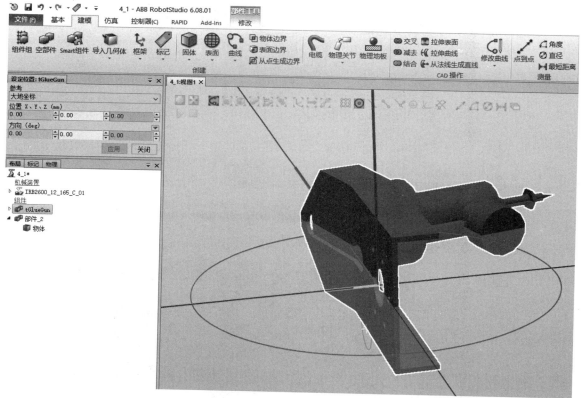

图　3-56

此时，工具模型本地坐标系的原点已设定完成，但是本地坐标系的方向仍需进一步的设定，这样才能保证当安装到工业机器人法兰盘末端时能够保证其工具姿态也是所想要的。对于设定工具本地坐标系的方向，在多数情况下可参考如下设定经验：工具法兰盘表面与大地水平面重合，工具末端位于大地坐标系 X 轴的负方向。

接下来设定该工具模型本地坐标系的方向。

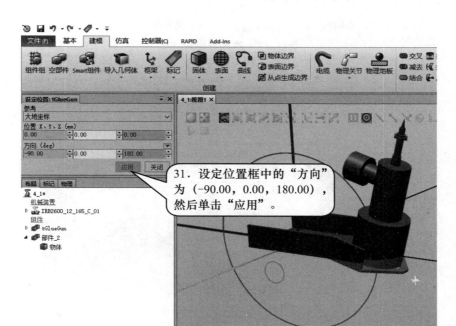

图 3-57

此时，大地坐标系的原点和方向与我们所想要的工具模型的本地原点和方向正好重合，下面再来设定本地原点。

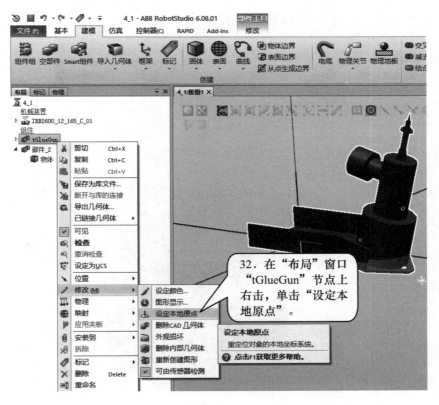

图 3-58

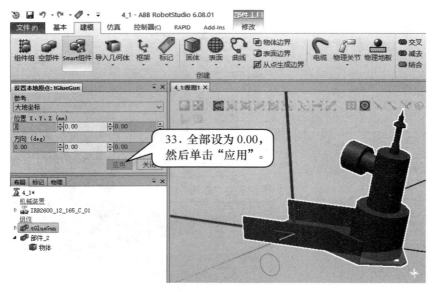

图　3-59

这样，该工具模型本地坐标系的原点以及坐标系方向就已经全部设定完成了。

二、创建工具坐标系框架

需要在图 3-60 所示实线框位置创建一个坐标系框架，在之后的操作中，将此框架作为工具坐标系框架。具体操作步骤如图 3-60 ～图 3-67 所示。

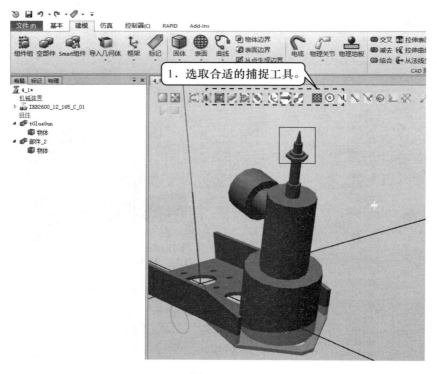

图　3-60

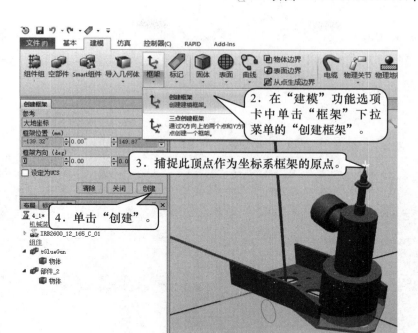

图　3-61

生成的框架如图 3-62 所示。接着设定坐标系方向，一般期望坐标系的 Z 轴与工具末端表面垂直或与工具末端的中心线方向一致。

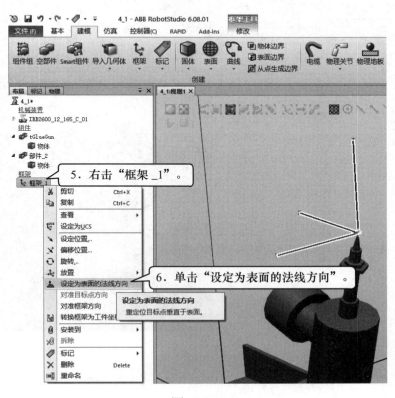

图　3-62

在 RobotStudio 中的坐标系，蓝色表示 Z 轴正方向，绿色表示 Y 轴正方向，红色表示 X 轴正方向，可以选择图 3-63 中所示表面，因为此表面与期望捕捉的末端表面是平行关系。

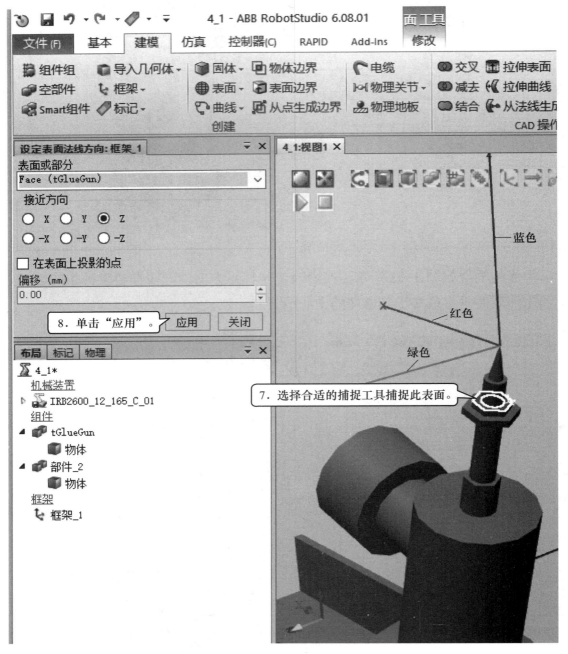

图　3-63

此时便完成了该框架 Z 轴方向的设定，至于其 X 轴和 Y 轴的朝向，一般采用默认的方向即可。创建的框架如图 3-64 所示。

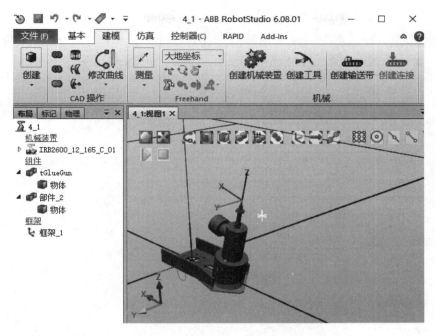

图　3-64

在实际应用过程中，工具坐标系原点一般与工具末端有一段间距，例如焊枪中的焊丝伸出的距离，或者激光切割枪、涂胶枪需与加工表面保持一定的距离等。此处，只需将此框架沿着其本身的 Z 轴正向移动一定距离就能够满足实际需求。

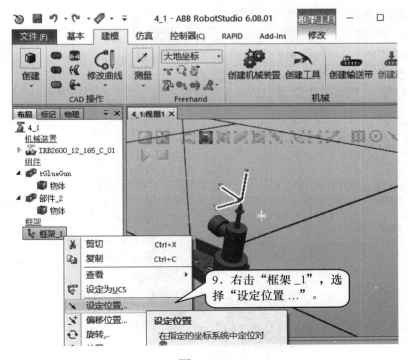

9．右击"框架_1"，选择"设定位置…"。

图　3-65

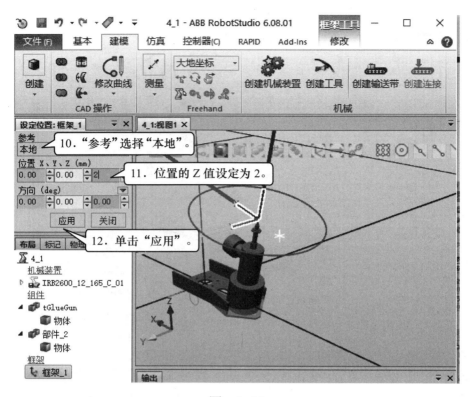

图 3-66

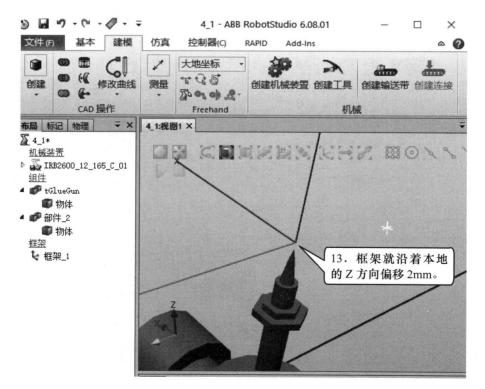

图 3-67

三、创建工具

在完成了模型对应的坐标系设定后，将这个模型转换成 RobotStudio 中具有 ToolData 属性的工具。操作步骤如图 3-68 ～图 3-76 所示。

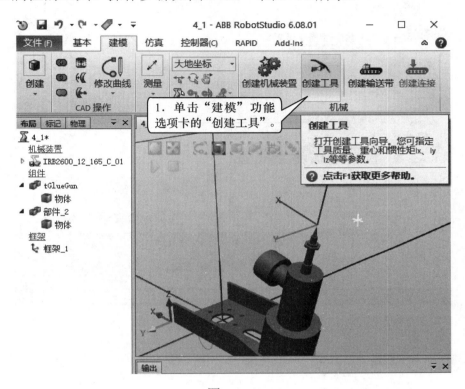

图　3-68

图　3-69

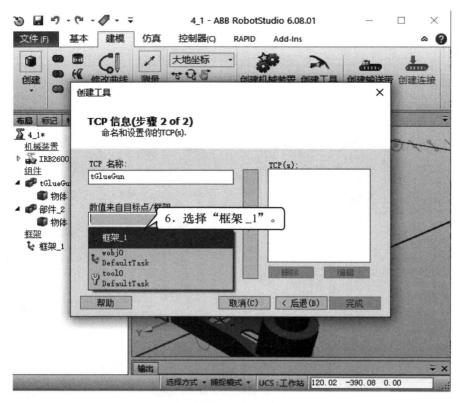

图　3-70

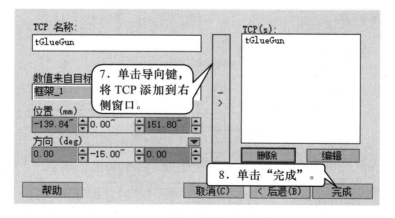

图　3-71

　　假如一个工具上面需要多个工具坐标系，那就可根据实际情况创建多个坐标系框架，然后在此视图中将所有的 TCP 依次添加到右侧窗口中。这样就完成了工具的创建过程。接下来，把创建过程中所创建的辅助圆弧曲线删掉。

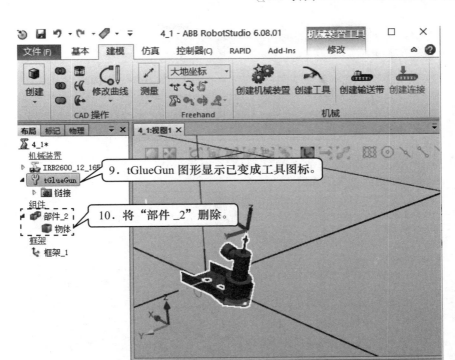

图　3-72

下面将工具安装到工业机器人末端。

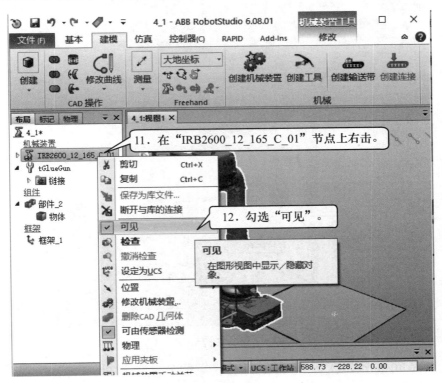

图　3-73

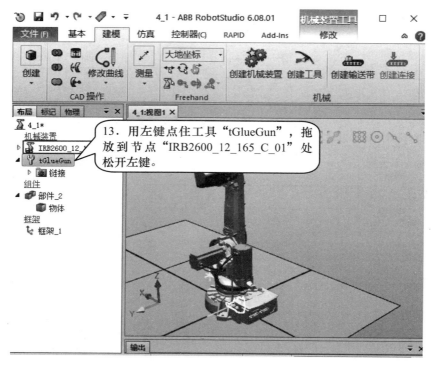

图 3-74

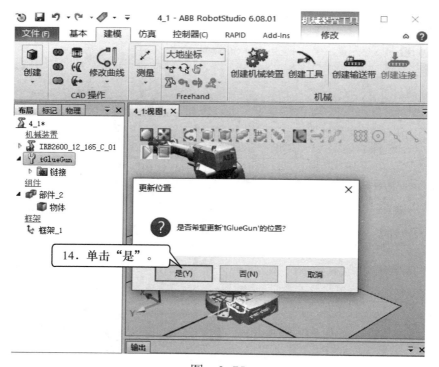

图 3-75

由图3-76可看到，工具已安装到工业机器人法兰盘处，安装位置及姿态正是所需的。至此已经完成了创建工具的整个过程。

图　3-76

学习检测

技能自我学习检测评分表见表 3-1。

表　3-1

项　　目	技 术 要 求	分　　值	评 分 细 则	评 分 记 录	备　　注
建模功能的使用	1. 掌握简单建模的方法 2. 掌握模型的设定	20	1. 理解流程 2. 操作流程		
正确使用测量工具进行测量的操作	能够正确进行长度、角度、直径、最短距离的测量	20	1. 理解流程 2. 操作流程		
创建机械装置	1. 能够独立创建机械装置滑块、滑台 2. 尝试创建旋转式的机械装置	20	1. 理解流程 2. 操作流程		
创建工具	1. 设定本地原点 2. 创建坐标系框架 3. 创建工具	20	1. 理解流程 2. 操作流程		
安全操作	符合上机实训操作要求	20			

项目 4　工业机器人离线轨迹编程

教学目标

1．学会创建工件的工业机器人轨迹曲线。
2．学会生成工件的工业机器人轨迹曲线路径。
3．学会工业机器人目标点的调整。
4．学会工业机器人轴配置参数调整。
5．了解离线轨迹编程的关键点。
6．学会工业机器人离线轨迹编程辅助工具的使用。

任务 4-1　创建工业机器人离线轨迹曲线及路径

工作任务

1．创建工业机器人激光切割曲线。
2．生成工业机器人激光切割路径。

实践操作

在工业机器人轨迹应用过程中，如切割、涂胶、焊接等应用中，常会需要处理一些不规则曲线，通常的做法是采用描点法，即根据工艺精度要求来示教相应数量的目标点，从而生成工业机器人的轨迹，这种方法费时费力且不容易保证轨迹精度。图形化编程即根据 3D 模型的曲线特征自动转换成工业机器人的运行轨迹，这种方法省时省力且容易保证轨迹精度。在本任务中就来学习如何利用 RobotStudio 自动路径功能根据三维模型曲线特征自动生成工业机器人激光切割的运行轨迹路径。

一、创建工业机器人激光切割曲线

解压工作站，解压后如图 4-1 所示。

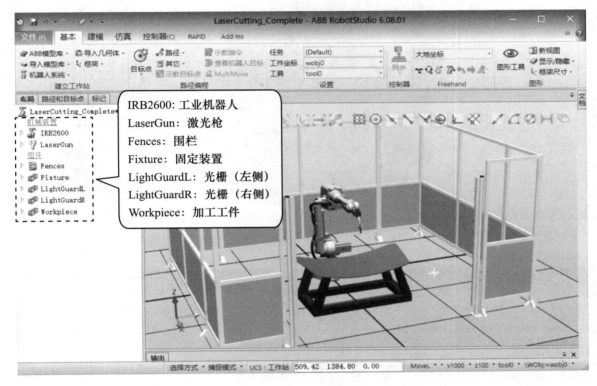

图　4-1

ℹ️ 工业机器人工作站打包文件及相关模型资料可以在微信中搜索公众号"叶晖老湿"进行下载。

在本任务中，以激光切割为例，工业机器人需要沿着工件的外边缘进行切割，此运行轨迹为 3D 曲线，可根据现有工件的 3D 模型直接生成工业机器人运行轨迹，进而完成整个轨迹调试并模拟仿真运行。操作过程如图 4-2 ～图 4-4 所示。

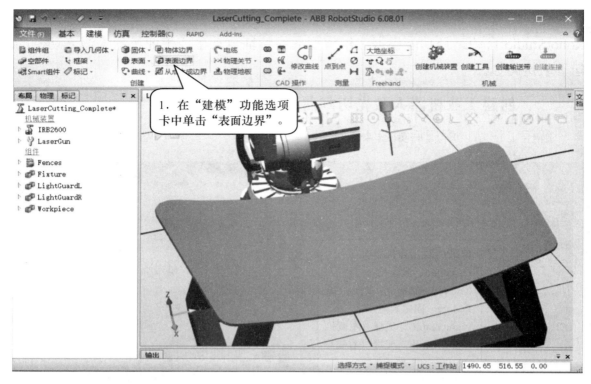

图　4-2

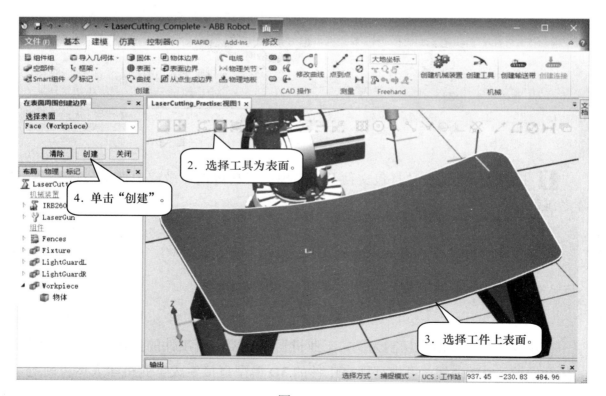

图　4-3

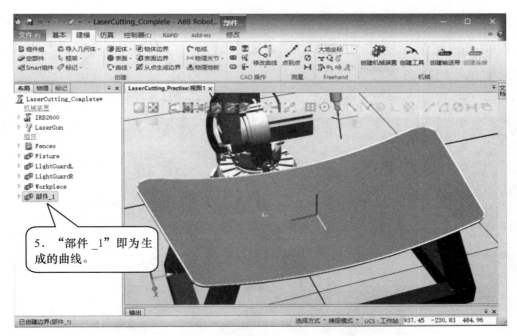

图 4-4

二、生成工业机器人激光切割路径

接下来根据生成的 3D 曲线自动生成工业机器人的运行轨迹。在轨迹应用过程中，通常需要创建用户坐标系以方便进行编程以及路径修改。用户坐标系的创建一般以加工工件的固定装置的特征点为基准。在本任务中创建如图 4-5 所示的用户坐标系。

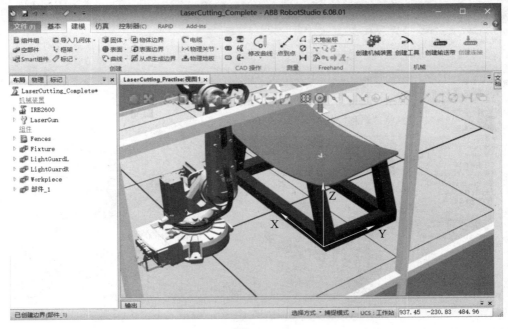

图 4-5

在实际应用过程中，固定装置上面一般设有定位销，用以保证加工工件与固定装置间的相对位置精度，所以在实际应用过程中，建议以定位销为基准来创建用户坐标系，这样更容易保证其定位精度。

生成工业机器人激光切割路径的操作如图4-6～图4-15所示。

图　4-6

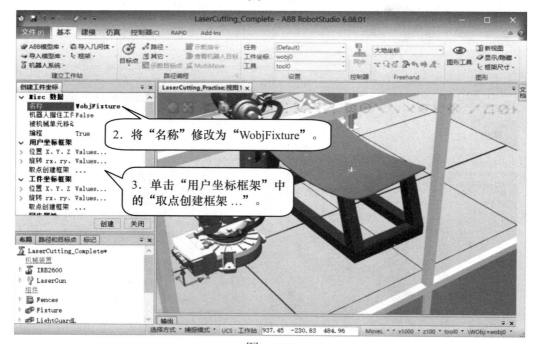

图　4-7

图　4-8

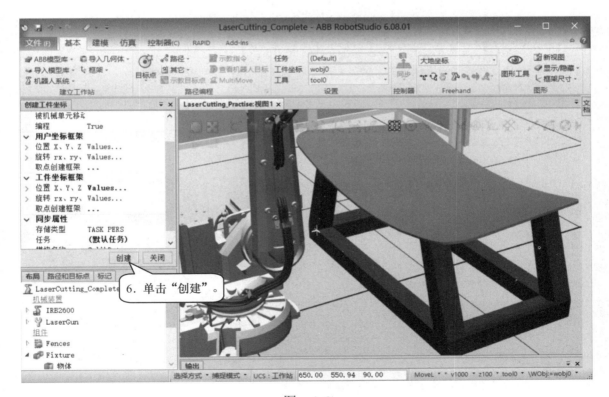

图　4-9

图 4-10

图 4-11

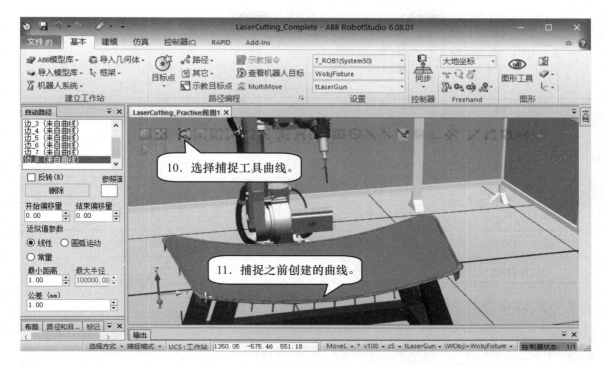

图　4-12

图　4-13

图 4-13 所示"自动路径"选项框中选项说明如下:

1)反转:轨迹运行方向置反,默认为顺时针运行,反转后则为逆时针运行。

2）参照面：生成的目标点 Z 轴方向与选定表面处于垂直状态。

3）近似值参数：见表 4-1。

表 4-1

选 项	用 途 说 明
线性	为每个目标生成线性指令，圆弧作为分段线性处理
圆弧运动	在圆弧特征处生成圆弧指令，在线性特征处生成线性指令
常量	生成具有恒定间隔距离的点
最小距离 /mm	设置两生成点之间的最小距离，即小于该最小距离的点将被过滤掉
最大半径 /mm	在将圆弧视为直线前确定圆的半径大小，直线视为半径无限大的圆
公差 /mm	设置生成点所允许的几何描述的最大偏差

之后设定近似值参数，如图 4-14 所示。

图 4-14

需要根据不同的曲线特征来选择不同类型的近似值参数类型。通常情况下选择"圆弧运动"，这样在处理曲线时，线性部分则执行线性运动，圆弧部分则执行圆弧运动，不规则曲线部分则执行分段式的线性运动；而"线性"和"常量"

都是固定的模式，即全部按照选定的模式对曲线进行处理，使用不当则会产生大量的多余点位或者路径精度不满足工艺要求。在本任务中，大家可以切换不同的近似值参数类型，观察一下自动生成的目标点位，从而进一步理解各参数类型下所生成路径的特点。

　　设定完成后，则自动生成工业机器人路径 Path_10，在后面的任务中会对此路径进行处理，并转换成工业机器人程序代码，完成工业机器人轨迹程序的编写。

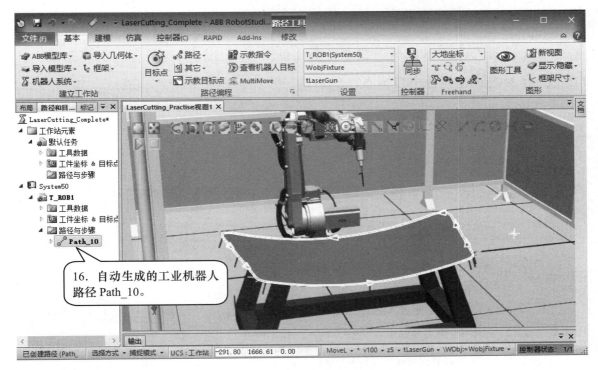

图　4-15

任务 4-2　工业机器人目标点调整及轴配置参数

工作任务

1．调整工业机器人目标点。

2．调整工业机器人轴配置参数。

3．完善程序并仿真运行。

4．了解离线编程的关键点。

 实践操作

在前面的任务中已根据工件边缘曲线自动生成了一条工业机器人运行轨迹 Path_10，但是工业机器人暂时还不能直接按照此条轨迹运行，因为部分目标点的姿态工业机器人还难以到达。在本任务中就来学习如何修改目标点的姿态从而让工业机器人能够达到各个目标点，然后进一步完善程序并进行仿真。

一、工业机器人目标点调整

工业机器人目标点调整过程如图 4-16 ～ 图 4-22 所示。

图 4-16

在调整目标点过程中，为了便于查看工具在此姿态下的效果，可以在目标点位置处显示工具。

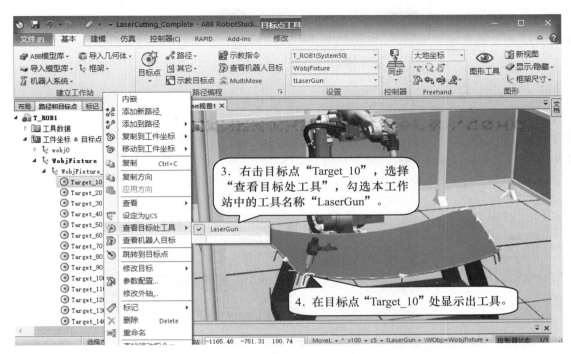

图 4-17

图 4-17 中所示目标点 Target_10 处的工具姿态，工业机器人难以达到该目标点，此时可以改变该目标点的姿态，从而使工业机器人能够到达该目标点。

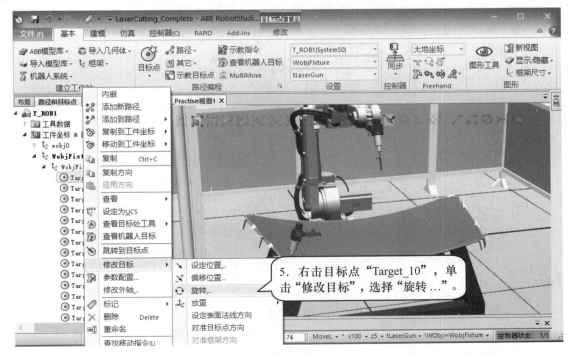

图 4-18

在该目标点处，只需使该目标点绕着其本身的 Z 轴旋转 -90° 即可。

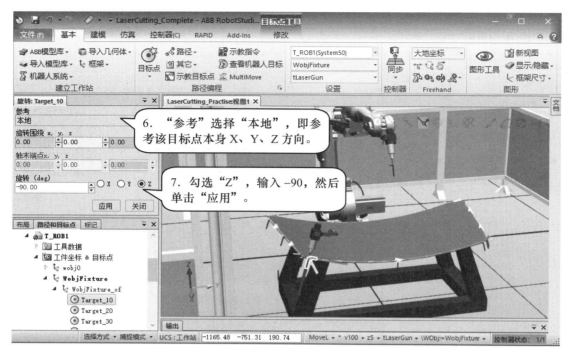

图　4-19

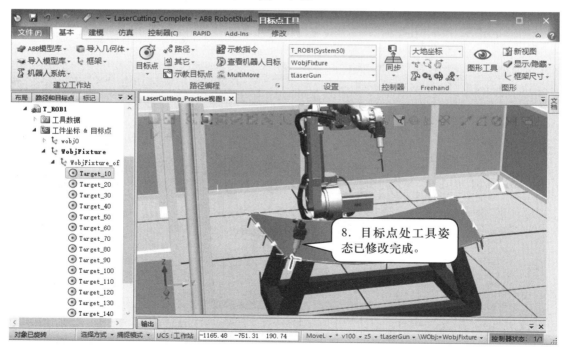

图　4-20

接着修改其他目标点。在处理大量目标点时，可以批量处理。在本任务中，当前自动生成的目标点的 Z 轴方向均为工件上表面的法线方向，此处 Z 轴无须再做更改。通过上述步骤中目标点 Target_10 的调整结果可知，只需调整各目标点的

X 轴方向即可。

利用键盘〈Shift〉键以及鼠标左键，选中剩余的所有目标点，然后进行统一调整。

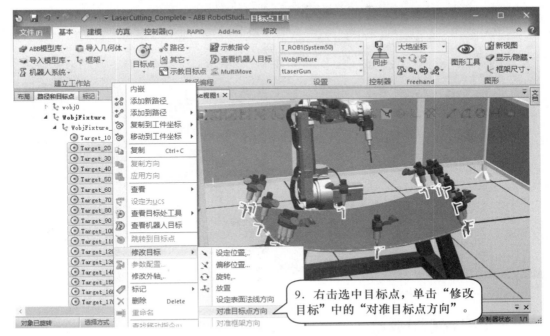

图　4-21

图　4-22

这样，就将剩余所有目标点的 X 轴方向对准了已调整好姿态的目标点 Target_10 的 X 轴方向；选中所有目标点，即可查看到所有的目标点方向已调整完成，如图 4-23 所示。

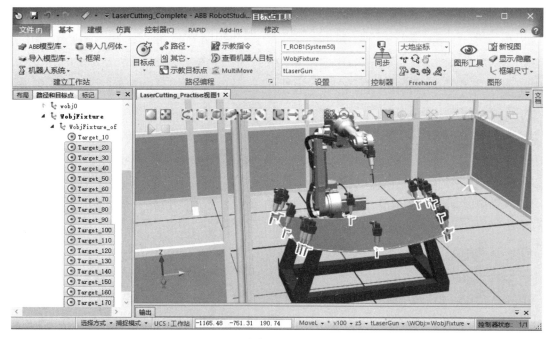

图 4-23

二、轴配置参数调整

工业机器人到达目标点，可能存在多种关节轴组合情况，即多种轴配置参数，需要为自动生成的目标点调整轴配置参数，过程如图 4-24 ～图 4-27 所示。

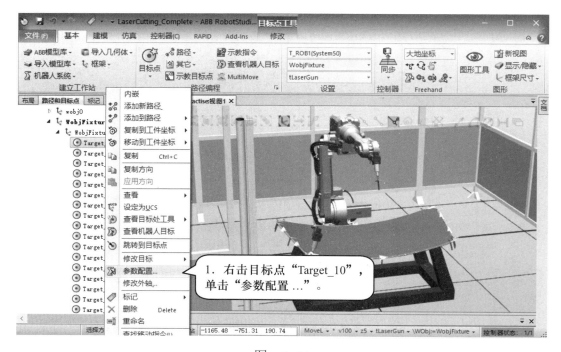

图 4-24

若工业机器人能够达到当前目标点，则在轴配置列表中可以查看到该目标点的轴配置参数。

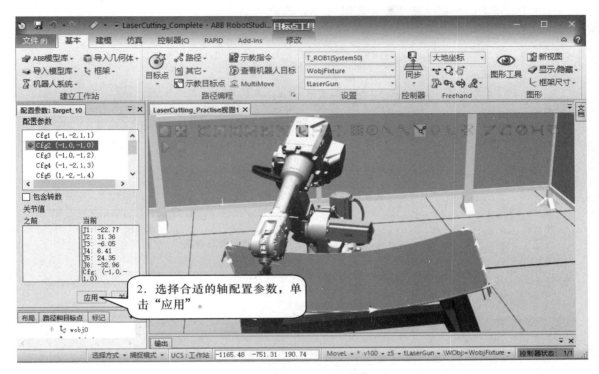

图　4-25

选择轴配置参数时，可查看该属性框中"关节值"（图4-25）中的数值以作参考。

"之前"：目标点原先配置对应的各关节轴度数。

"当前"：当前勾选轴配置所对应的各关节轴度数。

因工业机器人的部分关节轴运动范围超过360°，例如本任务中的工业机器人 IRB2600 的关节轴 6 运动范围为 −400°～+400°，即范围为800°，则同一个目标点位置，假如工业机器人关节轴 6 为 60°时可以到达，那么关节轴 6 处于 −300°时同样也可以到达，若想详细设定工业机器人到达该目标点时各关节轴的度数，可勾选"包含转数"。

在本任务中，暂时使用默认的第一种轴配置参数，选择 Cfg2（−1，0，−1，0），单击"应用"。

在路径属性中，可以为所有目标点自动调整轴配置参数，则工业机器人为各个目标点自动匹配轴配置参数，然后让工业机器人按照运动指令运行，观察工业机器人的运动。

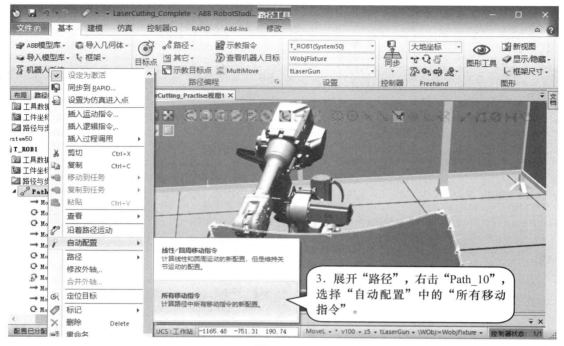

图　4-26

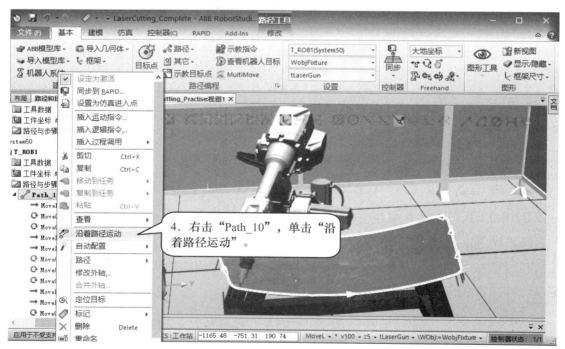

图　4-27

三、完善程序并仿真运行

　　轨迹完成后，下面来完善程序，需要添加轨迹起始接近点、轨迹结束离开点以及安全位置 HOME 点，过程如图 4-28 ～图 4-44 所示。

起始接近点 pApproach 相对于起始点 Target_10 来说只是沿着其本身 Z 轴负方向偏移一定的距离。

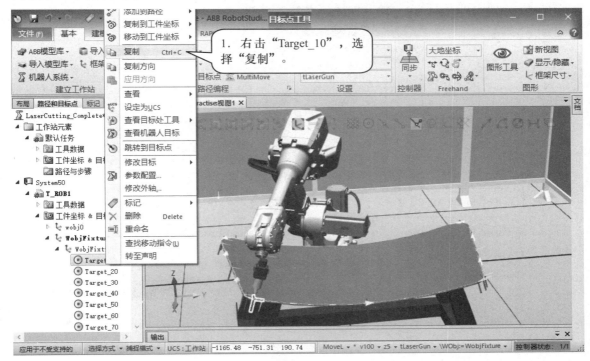

图 4-28

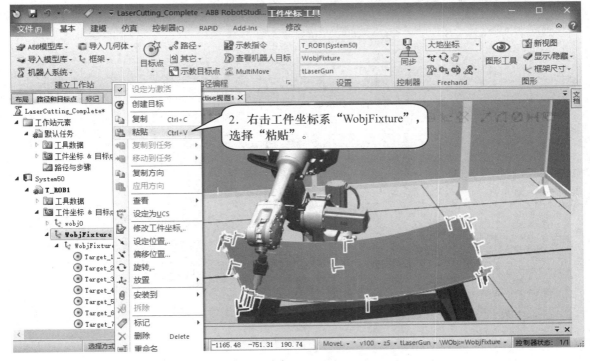

图 4-29

将复制生成的新目标点重命名为 pApproach，然后调整其位置。

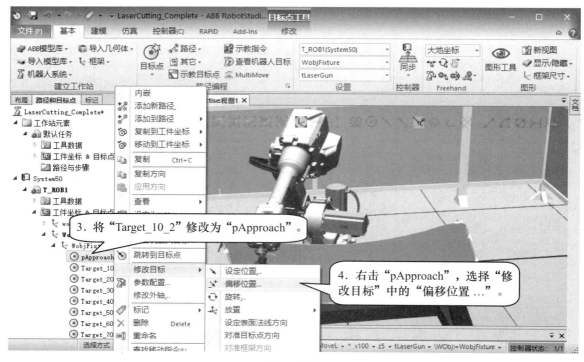

图　4-30

图　4-31

将该目标点添加到路径 Path_10 中的第一行。

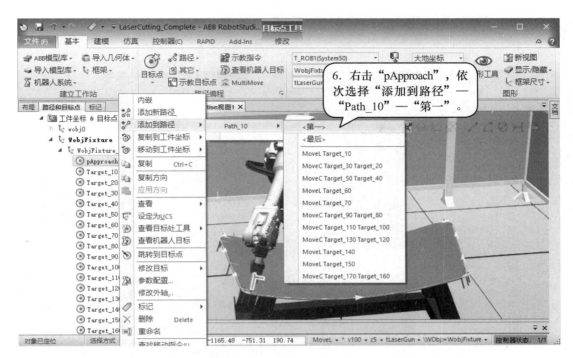

图　4-32

接着添加轨迹结束离开点 pDepart。参考上述步骤，复制轨迹的最后一个目标点"Target_630"，做偏移调整后，添加至 Path_10 的最后一行。

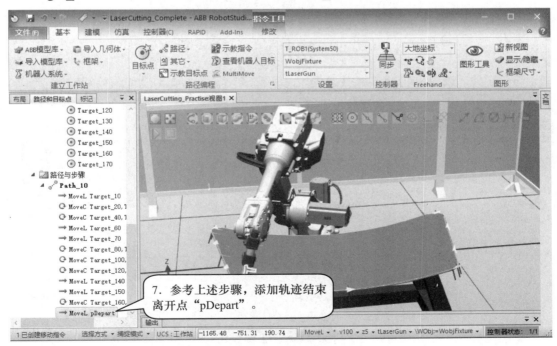

图　4-33

然后添加安全位置 HOME 点 pHome，为工业机器人示教一个安全位置点，此处做简化处理，直接将工业机器人默认原点位置设为 HOME 点。

首先在"布局"选项卡中让工业机器人回到机械原点。

图 4-34

HOME 点一般在 wobj0 坐标系中创建。

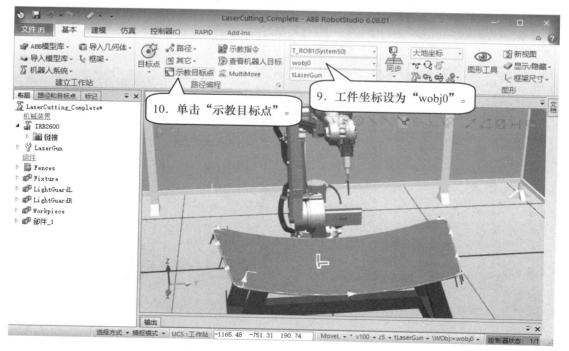

图 4-35

将示教生成的目标点重命名为"pHome"，并将其添加到路径 Path_10 的第一行、最后一行，即运动起始点和运动结束点都在 HOME 位置。

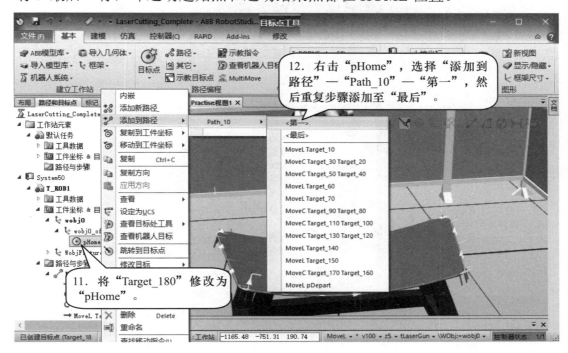

图 4-36

修改 HOME 点、轨迹起始处、轨迹结束处的运动类型、速度、转弯半径等参数。

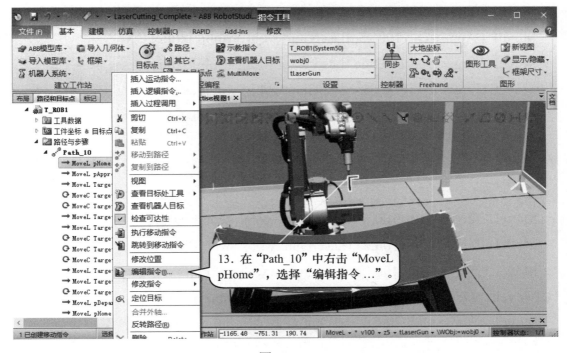

图 4-37

按照图 4-38 所示参数进行更改，更改完成后单击"应用"。

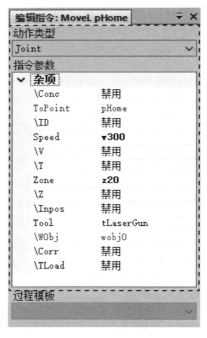

图　4-38

按照上述步骤更改轨迹起始处、轨迹结束处的运动参数。指令更改可参考如下设定：

MoveJ pHome,v300,z20,tLaserGun\wobj:=wobj0;

MoveJ pApproach,v100,z5,tLaserGun\ wobj:=wobjFixture;

MoveL Target_10,v100,fine,tLaserGun\ wobj:=wobjFixture;

MoveL Target_20,v100,z5,tLaserGun\ wobj:=wobjFixture;

MoveL Target_30,v100,z5,tLaserGun\ wobj:=wobjFixture;

　⋮

　⋮

　⋮

MoveL Target_610,v100,z5,tLaserGun\ wobj:=wobjFixture;

MoveL Target_620,v100,z5,tLaserGun\ wobj:=wobjFixture;

MoveL Target_630,v100,fine,tLaserGun\ wobj:=wobjFixture;

MoveL pDepart,v100,z20,tLaserGun\ wobj:=wobjFixture;

MoveJ pHome,v300,fine,tLaserGun\wobj:=wobj0;

修改完成后，再次为 Path_10 进行一次轴配置自动调整。

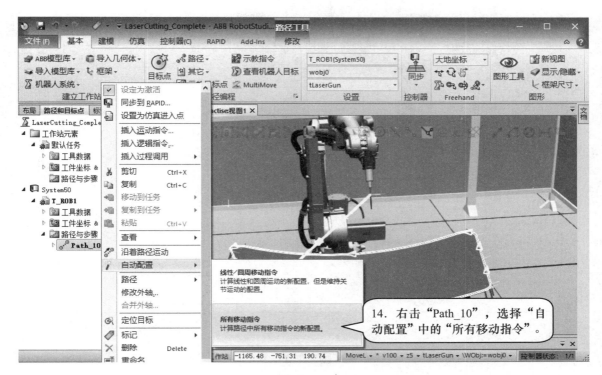

图 4-39

若无问题，则可将路径 Path_10 同步到 RAPID，转换成 RAPID 代码。

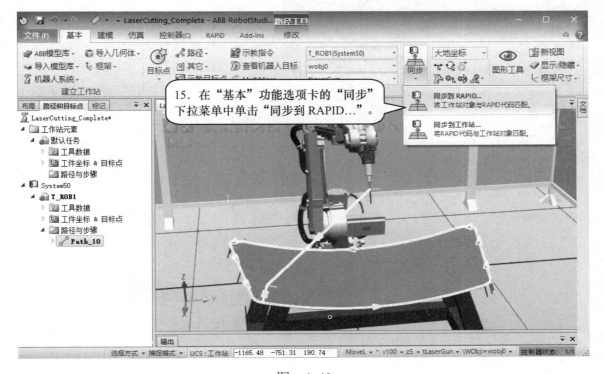

图 4-40

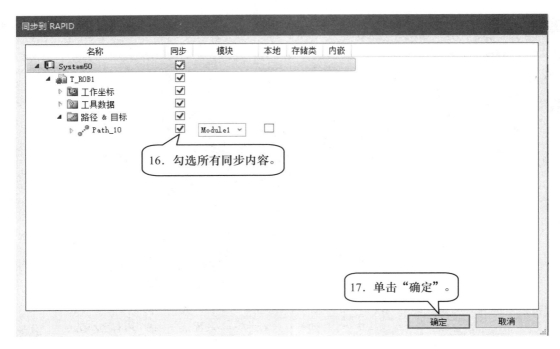

图　4-41

然后进行仿真设定。

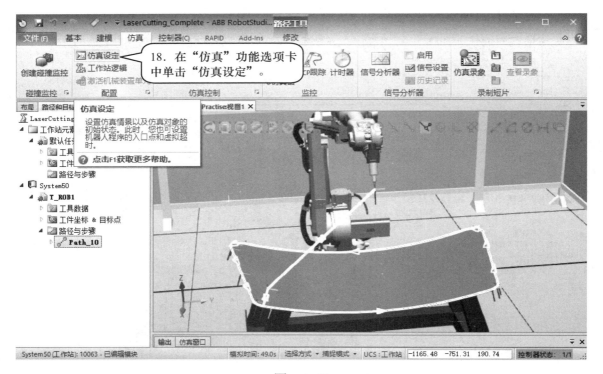

图　4-42

将 Path_10 设为"进入点"。

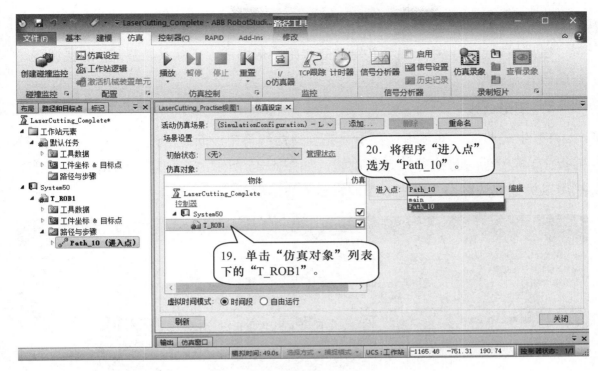

图 4-43

执行仿真，查看工业机器人的运行轨迹。

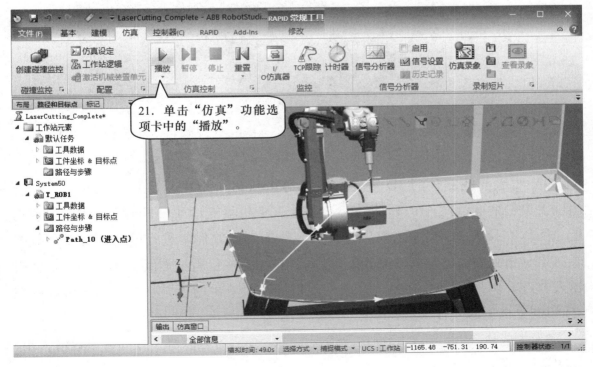

图 4-44

四、关于离线轨迹编程的关键点

在离线轨迹编程中，最为关键的三步是图形曲线、目标点调整、轴配置调整，在此做几点说明。

1. 图形曲线

1）生成曲线，除了本任务中"先创建曲线再生成轨迹"的方法外，还可直接捕捉 3D 模型的边缘进行轨迹的创建，如图 4-45 所示。在创建自动路径中，可直接用鼠标捕捉边缘，从而生成工业机器人的运动轨迹。

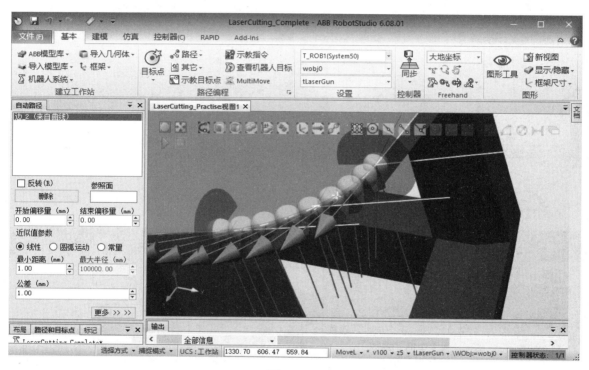

图　4-45

2）对于一些复杂的 3D 模型，导入到 RobotStudio 中后，其某些特征可能会出现丢失的情况，此外 RobotStudio 专注于工业机器人运动，只提供基本的建模功能。所以在导入 3D 模型之前，建议在专业的制图软件中进行处理，可以在数模表面绘制相关曲线，导入 RobotStudio 后，根据这些已有的曲线直接转换成工业机器人轨迹。例如利用 SolidWorks 软件"特征"菜单中的"分割线"功能就能够在3D 模型上面创建实体曲线。

3）生成轨迹时，需要根据实际情况，选取合适的近似值参数并调整数值大小，如图 4-46 所示。

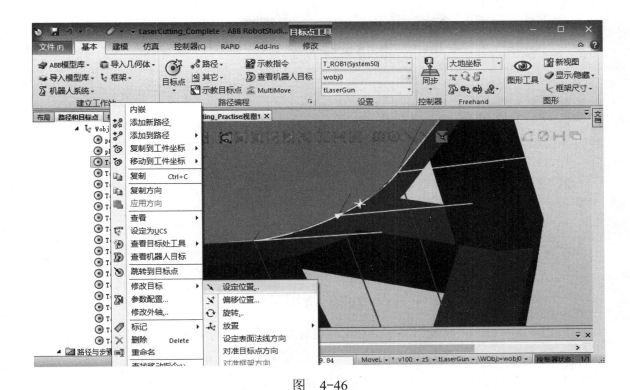

图　4-46

2. 目标点调整

目标点调整的方法有多种多样，在实际应用过程中，单单使用一种调整方法难以将目标点一次性调整到位，尤其是对工具姿态要求较高的工艺需求场合中，通常是综合运用多种方式进行多次调整。建议在调整过程中先对单一目标点进行调整，反复尝试调整完成后，其他目标点某些属性可以参考调整好的第一个目标点进行方向对准。

3. 轴配置调整

在为目标点配置轴配置过程中，若轨迹较长，可能会遇到相邻两个目标点之间轴配置变化过大，从而导致在轨迹运行过程中出现"机器人当前位置无法跳转到目标点位置，请检查轴配置"等问题。此时，可以从以下几项措施着手进行更改：

1）轨迹起始点尝试使用不同的轴配置参数，如有需要，可先勾选"包含转数"，再选择轴配置参数。

2）尝试更改轨迹起始点位置。

3）SingArea、ConfL、ConfJ 等指令的运用（可参考微信公众号"叶晖老湿"中的相关教程视频内容）。

任务 4-3　工业机器人离线轨迹编程辅助工具

工作任务

1．工业机器人碰撞监控功能的使用。

2．工业机器人 TCP 跟踪功能的使用。

实践操作

一、工业机器人碰撞监控功能的使用

在仿真过程中，规划好工业机器人运行轨迹后，一般需要验证当前工业机器人轨迹是否会与周边设备发生干涉，可使用碰撞监控功能进行检测。此外，工业机器人执行完运动后，工业机器人轨迹到底是否满足需求，需要对轨迹进行分析，可通过 TCP 跟踪功能将工业机器人运行轨迹记录下来，用作后续分析资料。具体步骤如图 4-47 ～图 4-54 所示。

图　4-47

在布局窗口中生成了"碰撞检测设定 _1"。

碰撞集包含两组对象 ObjectA 和 Object B，需要将检测的对象放入两组中，从而检测两组对象之间的碰撞。当 ObjectA 内任何对象与 ObjectB 内任何对象发生碰撞时，此碰撞将显示在图形视图里并记录在输出窗口。可在工作站内设置多个碰撞集，但每一碰撞集仅能包含两组对象。

在布局窗口中，可以用鼠标左键点中需要检测的对象，不要松开，将其拖放到对应的组别。

图　4-48

图　4-49

然后设定碰撞监控属性。

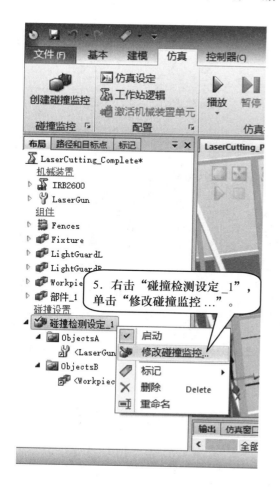

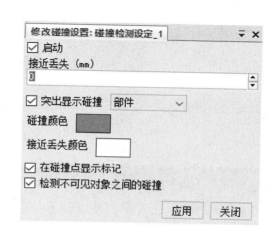

图 4-50

"修改碰撞设置：碰撞检测设定 _1" 对话框中部分选项说明如下：

接近丢失：指的是选择的两组对象之间的距离小于该数值时，则以"接近丢失颜色"设定的颜色提示。

碰撞颜色：指的是选择的两组对象之间发生了碰撞，则以"碰撞颜色"设定的颜色提示。

两种监控均有对应的颜色设置。

在此处，先暂时不设定接近丢失数值，碰撞颜色默认红色；然后可以先利用手动拖动的方式，拖动工业机器人工具与工件发生碰撞，查看一下碰撞监控效果。

接下来设定接近丢失。在本任务中，工业机器人工具 TCP 的位置相对于工具的实体尖端来说，沿着其 Z 轴正方向偏移了 5mm，这样在"接近丢失"中设定 6mm，则工业机器人在执行整体轨迹的过程中，可监控工业机器人工具是否与工件之间距离过远，若过远则显示接近丢失颜色；同时可监控工具与工件之间是否发生碰撞，若碰撞则显示碰撞颜色。

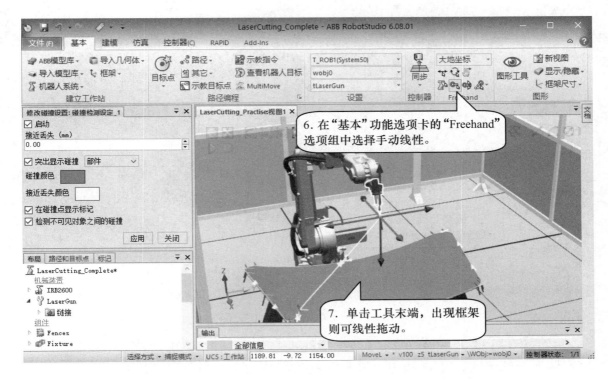

图 4-51

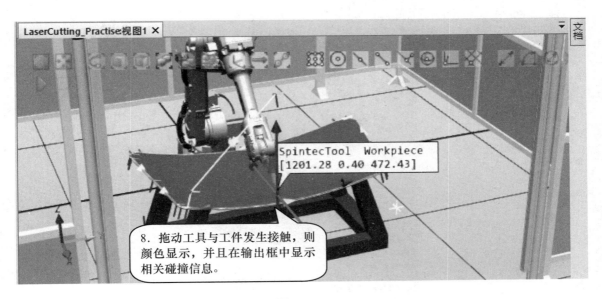

图 4-52

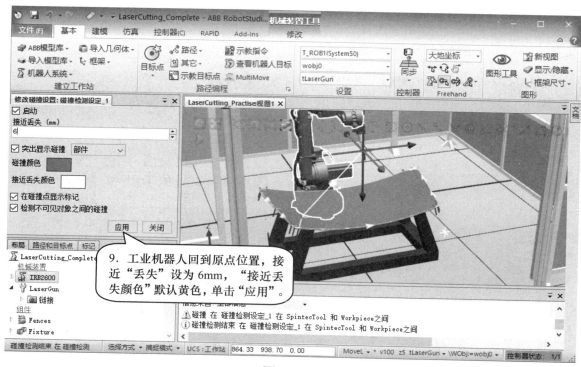

图 4-53

最后执行仿真，则初始接近过程中，工具和工件都是初始颜色，而当开始执行工件表面轨迹时，工具和工件则显示接近丢失颜色。如图 4-54 所示。

图 4-54

显示此颜色，即证明工业机器人在运行该轨迹过程中，工具既未与工件距离过远，也未与工件发生碰撞。

二、工业机器人 TCP 跟踪功能的使用

在工业机器人运行过程中，可以监控 TCP 的运动轨迹以及运动速度，以作分析用。

为了便于观察，先将之前的碰撞监控关闭。工业机器人 TCP 跟踪功能操作过程如图 4-55 ～图 4-62 所示。

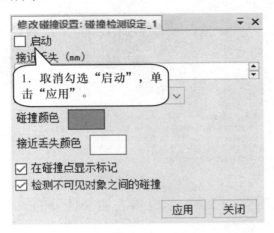

图　4-55

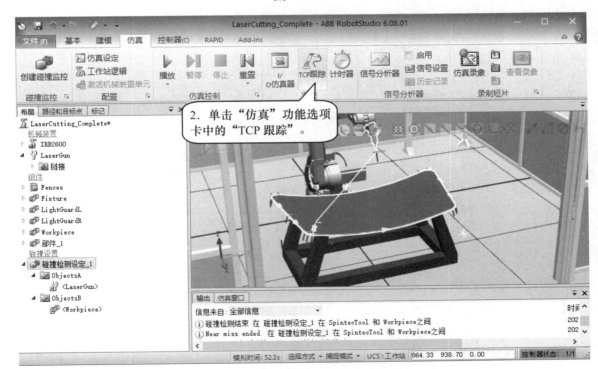

图　4-56

为了便于观察之后记录的 TCP 轨迹，此处将工作站中的路径和目标点隐藏。

119

图 4-57

本任务中做如下监控：记录工业机器人切割任务的轨迹，轨迹颜色为黄色，为保证记录长度，可将跟踪长度设定得大一些；监控工业机器人速度是否超过350mm/s，警告颜色为红色。

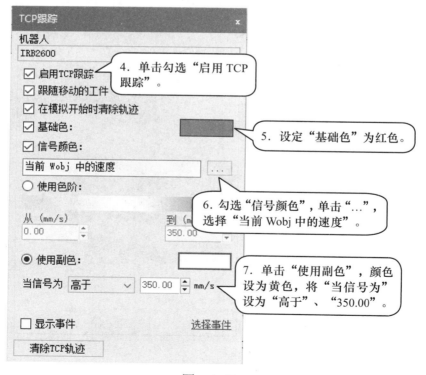

图 4-58

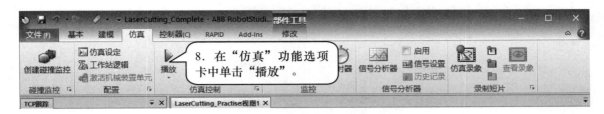

图　4-59

工业机器人运行完成后，可根据记录的工业机器人轨迹进行分析。完成后的界面如图 4-61 所示。

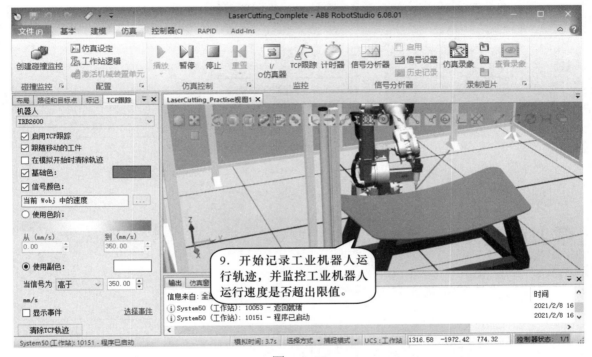

图　4-60

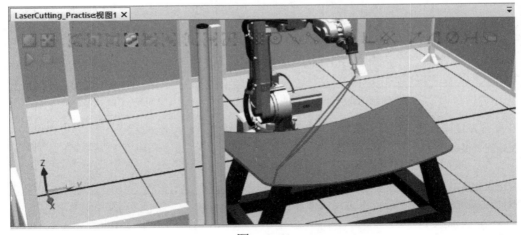

图　4-61

若想清除记录的轨迹，可在仿真监控对话框中清除。

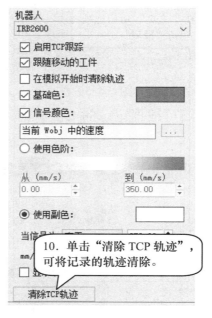

10. 单击"清除TCP轨迹"，可将记录的轨迹清除。

图 4-62

学习检测

技能自我学习检测评分表见表4-2。

表 4-2

项 目	技 术 要 求	分 值	评 分 细 则	评 分 记 录	备 注
创建工业机器人离线轨迹曲线	熟练操作创建工业机器人离线轨迹曲线	20	1. 理解流程 2. 操作流程		
生成工业机器人离线轨迹曲线路径	熟练操作生成工业机器人离线轨迹曲线路径	20	1. 理解流程 2. 操作流程		
工业机器人目标点调整及轴配置参数	1. 学会工业机器人目标点调整 2. 学会工业机器人轴配置参数调整 3. 完善程序并仿真运行	20	1. 理解流程 2. 操作流程		
离线轨迹编程的关键点	灵活运用离线轨迹编程技巧	10	理解与掌握		

（续）

项　　目	技 术 要 求	分　值	评 分 细 则	评 分 记 录	备　注
工业机器人离线轨迹编程辅助工具	1．学会工业机器人碰撞监控功能的使用 2．学会工业机器人 TCP 跟踪功能的使用	10	1．理解流程 2．操作流程		
安全操作	符合上机实训操作要求	20			

项目 5 | Smart 组件的应用

教学目标

1. 了解什么是 Smart 组件。
2. 学会用 Smart 组件创建动态输送链。
3. 学会用 Smart 组件创建动态夹具。
4. 学会设定 Smart 组件工作站逻辑。
5. 了解 Smart 组件的子组件功能。

任务 5-1 | 用 Smart 组件创建动态输送链 SC_InFeeder

工作任务

1. 应用 Smart 组件设定输送链产品源。
2. 应用 Smart 组件设定输送链运动属性。
3. 应用 Smart 组件设定输送链限位传感器。
4. 创建 Smart 组件的属性与连结。
5. 创建 Smart 组件的信号和连接。
6. SMART 组件的模拟动态运行。

实践操作

在 RobotStudio 中创建码垛的仿真工作站，输送链的动态效果对整个工作站起到一个关键的作用。Smart 组件功能就是在 RobotStudio 中实现动画效果的高效工具。下面创建一个拥有动态属性的 Smart 输送链来体验一下 Smart 组件的强大功能。Smart 组件输送链动态效果包含：输送链前端自动生成产品、产品随着输送链向前运动、产品到达输送链末端后停止运动、产品被移走后输送链前端再次生成产品⋯⋯依次循环。

已构建好一个用于创建注塑机取件机器人示教器用户自定义界面的工作站。大家可以在微信关注"叶晖老湿"进行下载后双击进行解包打开本项目任务。

一、设定输送链的产品源（Source）

模型说明如图 5-1 所示。设定输送链的产品源过程如图 5-2、图 5-3 所示。

子组件 Source 用于设定产品源，每触发一次 Source 执行，都会自动生成一个产品源的复制品。此处将所码垛产品设为产品源，则每次触发后都会产生一个码垛产品的复制品。

Source 组件的属性设置如图 5-3 所示。

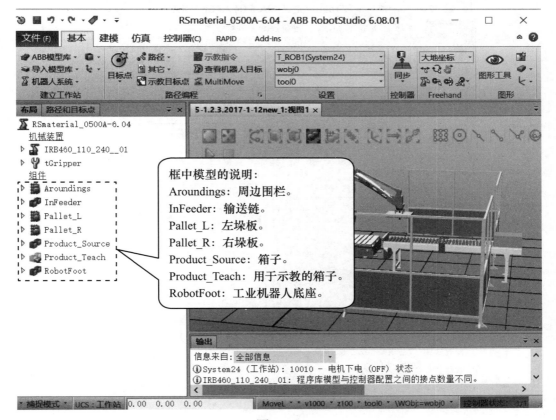

图 5-1

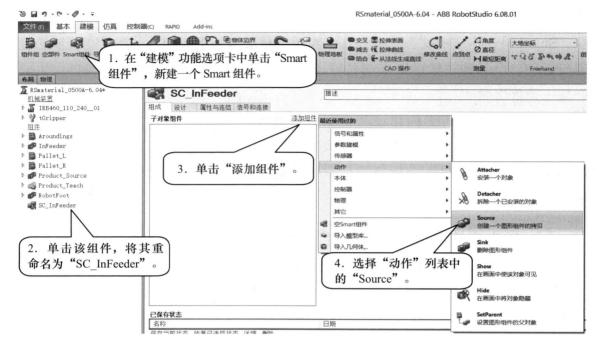

图　5-2

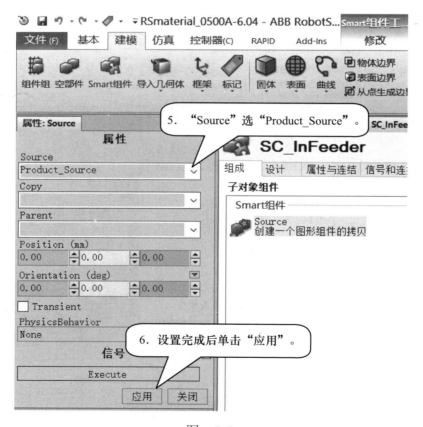

图　5-3

二、设定输送链的运动属性

设定输送链的运动属性过程如图 5-4 ～图 5-6 所示。

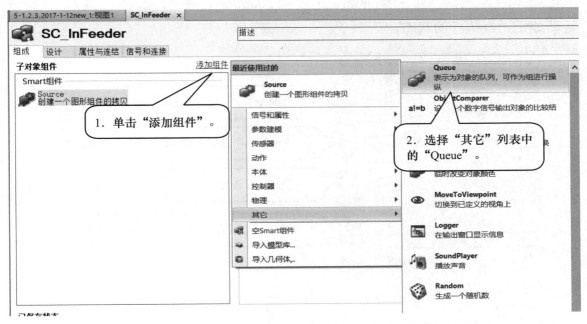

图　5-4

子组件 Queue 可以将同类型物体作队列处理，此处 Queue 暂时不需要设置其属性。

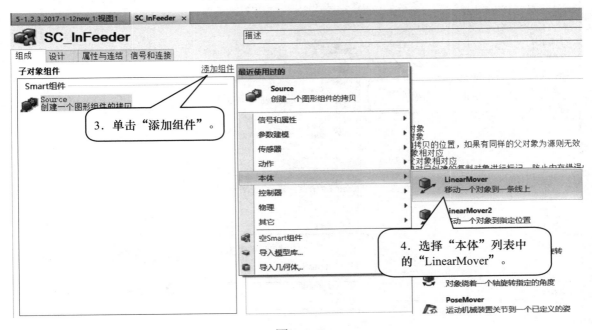

图　5-5

子组件 LinearMover 设定运动属性，其属性包含指定运动物体、运动方向、运动速度、参考坐标系等，此处将之前设定的 Queue 设为运动物体，运动方向为大地坐标的 X 轴负方向 –1000mm，速度为 300mm/s，将"Execute"置为 1，则该运动处于一直执行的状态。

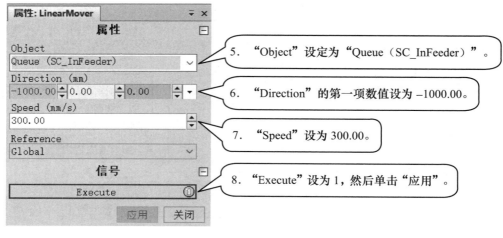

图　5-6

三、设定输送链限位传感器

设定输送链限位传感器过程如图 5-7 ～图 5-13 所示。

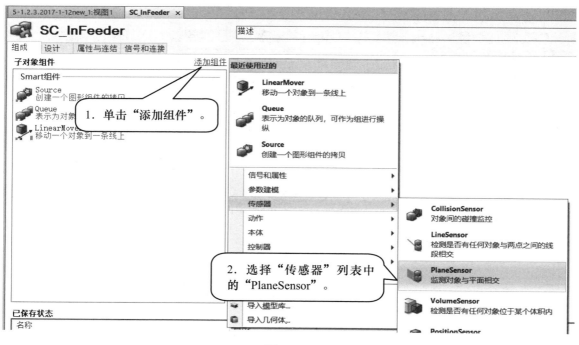

图　5-7

在输送链末端的挡板处设置面传感器，设定方法为捕捉一个点作为面的原点A，之后设定基于原点 A 的两个延伸轴的方向及长度（参考大地坐标方向），这样就构成一个平面，按照图 5-8 中所示来设定原点以及延伸轴。

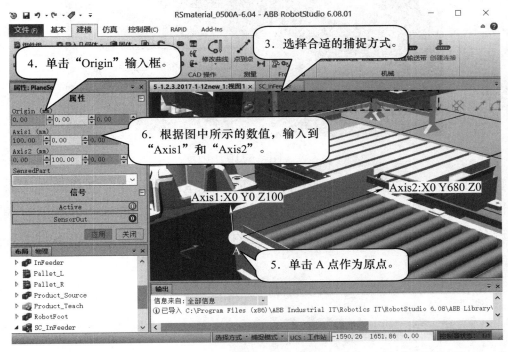

图　5-8

在此工作站中，也可以直接将图 5-9 属性对话框中的数值输入对应的数值框中，来创建图 5-8 中输送链末端的平面，此平面作为面传感器来检测产品到位，并自动输出一个信号，用于逻辑控制。

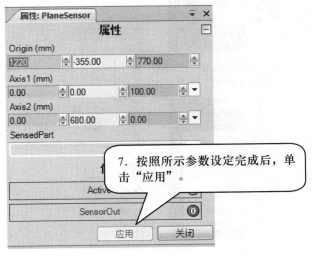

图　5-9

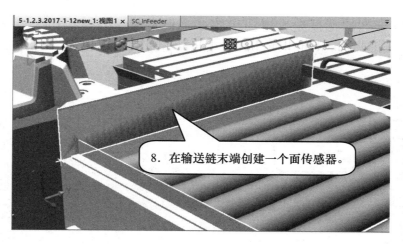

图　5-10

虚拟传感器一次只能检测一个物体，所以这里需要保证所创建的传感器不与周边设备接触，否则无法检测运动到输送链末端的产品。可以在创建的时候避开周边设备，但通常将可能与该传感器接触的周边设备的属性设为"不可由传感器检测"。

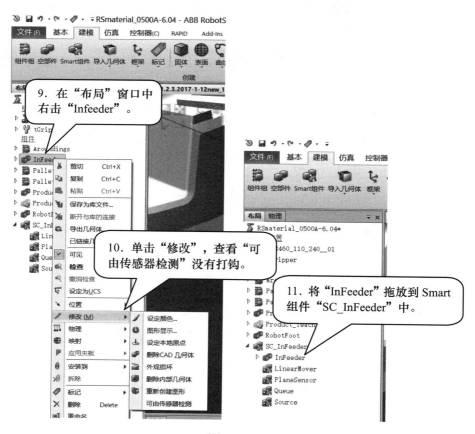

图　5-11

❗为了方便处理输送链，将 InFeeder 也放到 Smart 组件中。

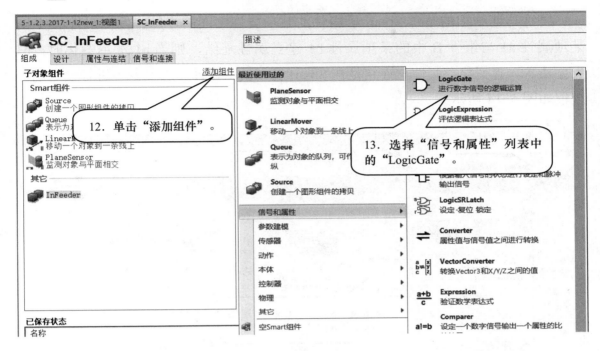

图　5-12

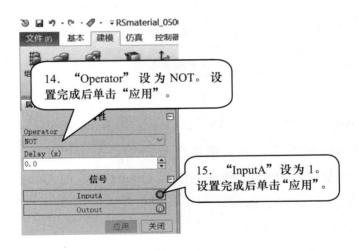

图　5-13

在 Smart 组件应用中只有信号发生 0 → 1 的变化时才可以触发事件。假如有一个信号 A，我们期望当信号 A 由 0 变 1 时触发事件 B1，信号 A 由 1 变 0 时触发事件 B2；前者可以直接连接进行触发，但是后者需要引入一个非门与信号 A 相连接，这样当信号 A 由 1 变 0 时，经过非门运算之后则转换成了由 0 变 1，之后再与事件 B2 连接，实现的最终效果就是当信号 A 由 1 变 0 时触发了事件 B2。

四、创建属性与连结

属性与连结指的是各 Smart 子组件的某项属性之间的连结,例如组件 A 中的某项属性 a1 与组件 B 中的某项属性 b1 建立属性连结,则当 a1 发生变化时,b1 也会随着一起变化。属性与连结是在 Smart 窗口的"设计"选项卡中进行设定的。过程如图 5-14 所示。

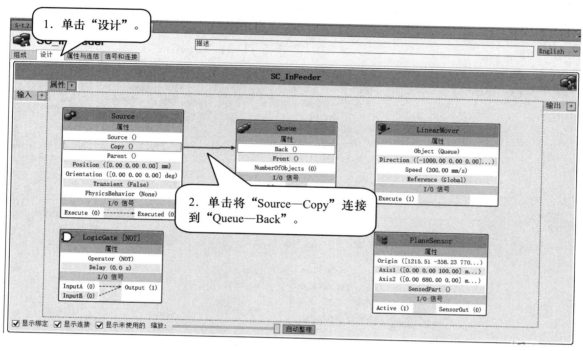

图 5-14

Source 的 Copy 指的是源的复制品,Queue 的 Back 指的是下一个将要加入队列的物体。通过这样的连结,可实现本任务中的产品源产生一个复制品,执行加入队列动作后,该复制品会自动加入到队列 Queue 中,而 Queue 是一直执行线性运动的,则生成的复制品也会随着队列进行线性运动,而当执行退出队列操作时,复制品退出队列之后就停止线性运动了。

五、创建信号和连接

I/O 信号指的是在本工作站中自行创建的数字信号,用于与各个 Smart 子组件进行信号交互。

I/O 连接指的是设定创建的 I/O 信号与 Smart 子组件信号的连接关系、以及各 Smart 子组件之间的信号连接关系。

信号和连接是在 Smart 组件窗口中的"信号和连接"选项卡中进行设置的。

过程如图 5-15 ～图 5-17 所示。

首先添加一个数字信号 diStart，用于"启动"Smart 输送链。

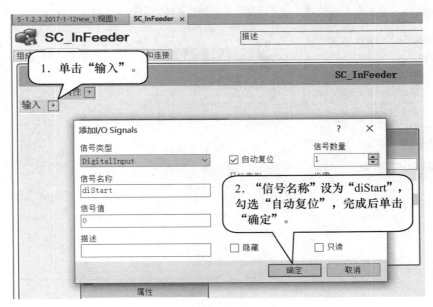

图 5-15

接下来添加一个输出信号"doBoxInPos"，用作产品到位输出信号。

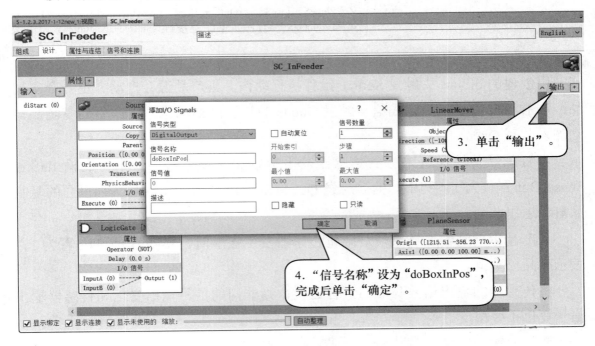

图 5-16

然后建立 I/O 连接。

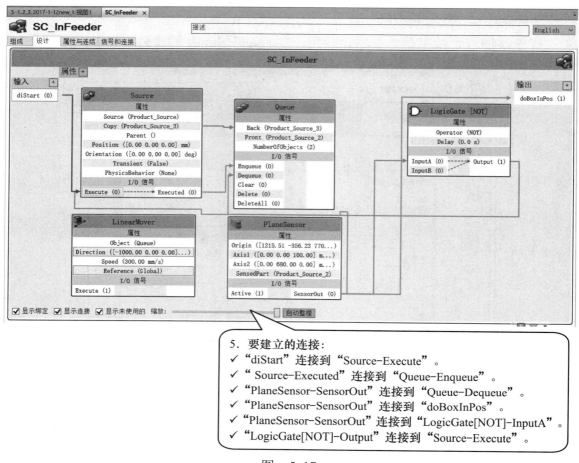

图　5-17

用创建的 diStart 去触发 Source 组件执行动作，则产品源会自动产生一个复制品；产品源产生复制品完成信号触发 Queue 的加入队列动作，则产生的复制品自动加入队列 Queue。

当复制品与输送链末端的传感器发生接触后，传感器将其本身的输出信号 SensorOut 置位为 1，利用此信号触发 Queue 的退出队列动作，则队列里面的复制品自动退出队列。

当产品运动到输送链末端与限位传感器发生接触时，将 doBoxInPos 置为 1，表示产品已到位。

将传感器的输出信号与非门进行连接，则非门的信号输出变化和传感器输出信号变化正好相反。

非门的输出信号去触发 Source 的执行，则实现的效果为当传感器的输出信号由 1 变为 0 时，触发产品源 Source 产生一个复制品

按照各 I/O 连接，仔细设定各个 I/O 连接中的源对象、源信号、目标对象、目

标信号。完成后如图 5-17 所示。

一共创建了 6 个 I/O 连接，下面来梳理一下整个事件触发过程：

1）利用自己创建的启动信号 diStart 触发一次 Source，使其产生一个复制品。

2）复制品产生后自动加入到设定好的队列 Queue 中，则复制品随着 Queue 一起沿着输送链运动。

3）当复制品运动到输送链末端，与设置的面传感器 PlaneSensor 接触后，该复制品退出队列 Queue，并且将产品到位信号 doBoxInPos 置为 1。

4）通过非门的中间连接，最终实现当复制品与面传感器不接触后，自动触发 Source 再产生一个复制品。

此后进行下一个循环。

六、仿真运行

至此就完成了 Smart 输送链的设置，下面验证设定的动画效果。过程如图 5-18～图 5-21。

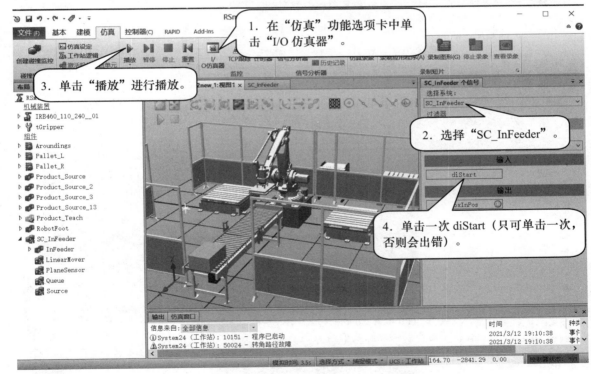

图　5-18

接下来，可以利用 FreeHand 中的线性移动将复制品移开，使其与面传感器不接触，则输送链前端会再次产生一个复制品，进入下一个循环。

完成动画效果验证后，删掉生成的复制品。

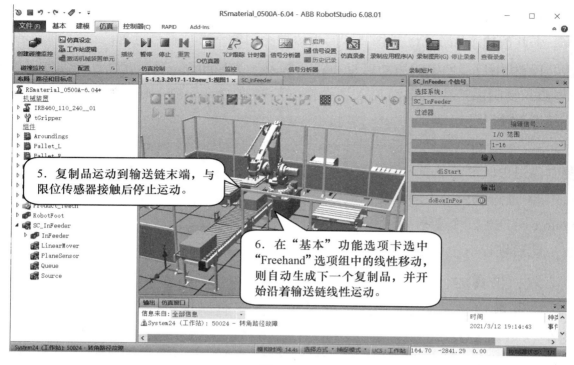

图 5-19

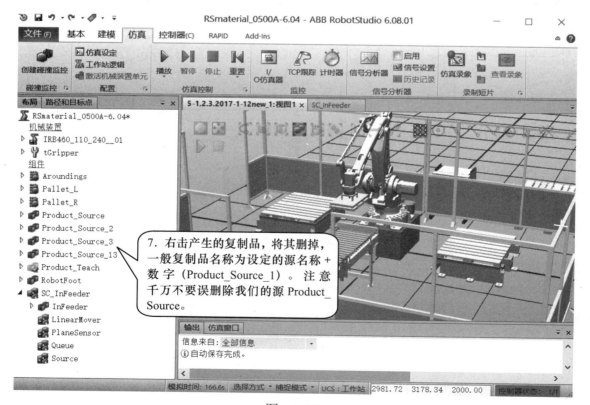

图 5-20

为了避免在后续的仿真过程中不停地产生大量的复制品，从而导致整体仿真运行不流畅以及仿真结束后需要手动删除等问题，在设置 Source 属性中，可以设置成产生临时性复制品，当仿真停止后，所生成的复制品会自动消失。Source 属性设置更改如图 5-21 所示。

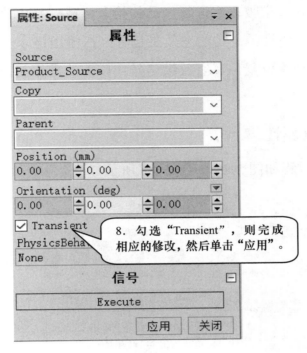

图　5-21

任务 5-2　用 Smart 组件创建动态夹具 SC_Gripper

 工作任务

1. 应用 Smart 组件设定夹具属性。

2. 应用 Smart 组件设定检测传感器。

3. 应用 Smart 组件设定拾取放置动作。

4. 创建 Smart 组件属性与信号的连接。

5. Smart 组件的模拟动态运行。

 实践操作

在 RobotStudio 中创建码垛的仿真工作站，夹具的动态效果是最为重要的部分。我们使用一个海绵式真空吸盘来进行产品的拾取释放，基于此吸盘来创建一个具有 Smart 组件特性的夹具。夹具动态效果包含：在输送链末端拾取产品、在放置位置释放产品、自动置位复位真空反馈信号。以下的操作是在任务 5-1 的基础上进行的。

一、设定夹具属性

设定夹具属性过程如图 5-22 ～图 5-24 所示。

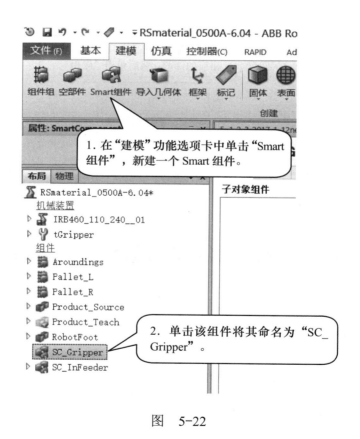

图 5-22

首先需要将夹具 tGripper 从工业机器人末端拆卸下来，以便对独立后的 tGripper 进行处理。

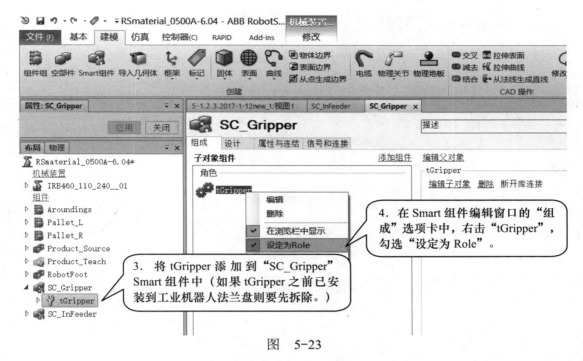

图 5-23

上述操作步骤目的是将 Smart 工具 SC_Gripper 当作工业机器人的工具。"设定为 Role"可以让 Smart 组件获得"Role"的属性，在本任务中，工具 tGripper 包含一个工具坐标系，将其设为 Role，则 SC_Gripper 继承工具坐标系属性，就可以将 SC_Gripper 完全当作工业机器人的工具来处理。

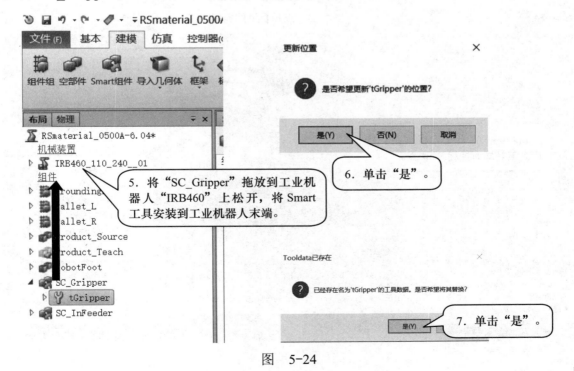

图 5-24

二、设定检测传感器

设定检测传感器的过程如图5-25～图5-28。

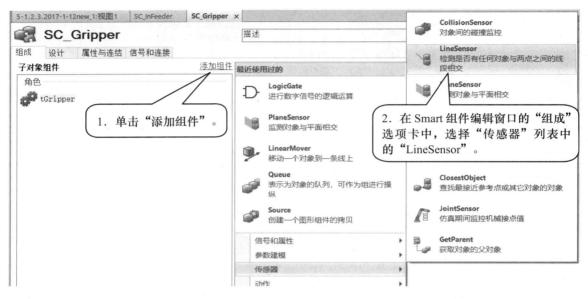

图 5-25

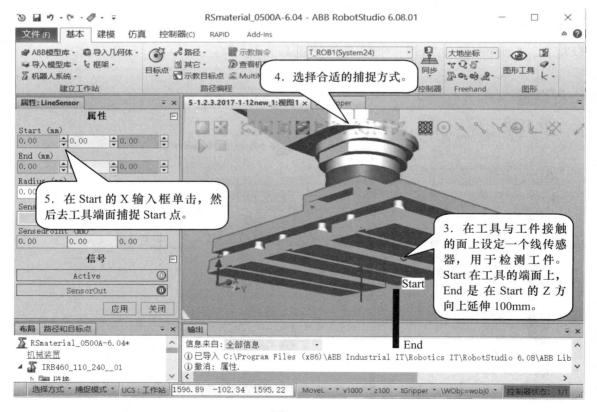

图 5-26

LineSensor 的属性可以参考图 5-27 所示。

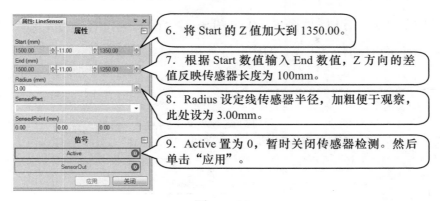

6. 将 Start 的 Z 值加大到 1350.00。

7. 根据 Start 数值输入 End 数值，Z 方向的差值反映传感器长度为 100mm。

8. Radius 设定线传感器半径，加粗便于观察，此处设为 3.00mm。

9. Active 置为 0，暂时关闭传感器检测。然后单击"应用"。

图　5-27

在当前工具姿态下，终点 End 只是相对于起始点 Start 在大地坐标系 Z 轴负方向偏移一定距离，所以可以参考 Start 直接输入 End 的数值。此外，虚拟传感器的使用还有一项限制，即当物体与传感器接触时，如果接触部分完全覆盖了整个传感器，则传感器不能检测到与之接触的物体。换言之，若要传感器准确检测到物体，则必须保证在接触时传感器的一部分在物体内部，一部分在物体外部。所以为了避免在吸盘拾取产品时该线传感器完全进入产品内部，人为地将起始点 Start 的 Z 值加大，保证在拾取时该线传感器有一部分在产品内部，一部分在产品外部，这样才能够准确地检测到该产品。

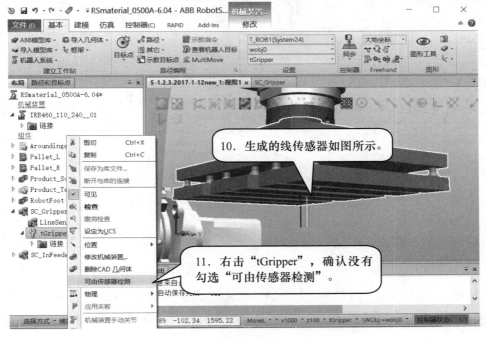

10. 生成的线传感器如图所示。

11. 右击"tGripper"，确认没有勾选"可由传感器检测"。

图　5-28

三、设定拾取放置动作

设定拾取放置动作过程如图 5-29 ~ 图 5-32 所示。

首先来设定拾取动作效果，使用的是子组件 Attacher。

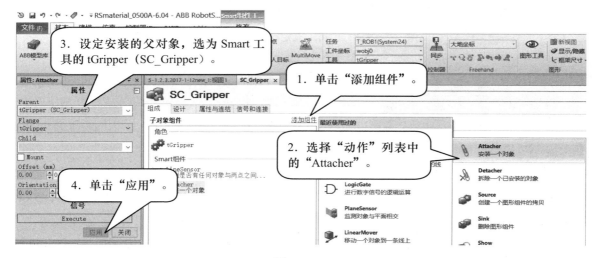

图 5-29

接下来设定释放动作效果，使用的是子组件 Detacher。

图 5-30

在上述设置过程中，拾取动作 Attacher 和释放动作 Detacher 中关于子对象 Child 暂时都未做设定，是因为在本任务中处理的工件并不是同一个产品，而是产品源生成的各个复制品，所以无法在此处直接指定子对象。之后会在属性连结里来设定此项属性的关联。

下一步添加信号和属性的相关子组件。

首先创建一个非门（Not）。

图　5-31

接下来添加一个信号置位 / 复位子组件 LogicSRLatch。

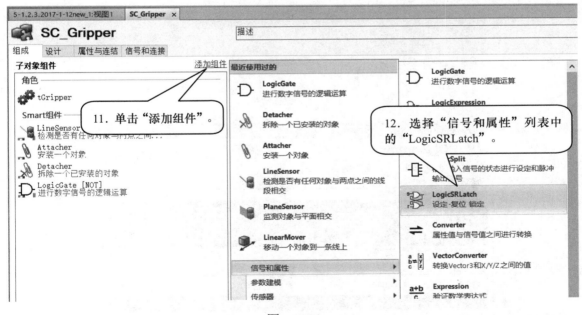

图　5-32

子组件 LogicSRLatch 用于置位 / 复位信号，并且自带锁定功能，此处用于置位 / 复位真空反馈信号，在后面的信号和连接内容再来详细介绍它的用法。

四、创建属性与信号的连接

图 5-33 是已完成属性与信号连接的设计图，具体的操作步骤如下：

1）创建数字输入：diGripper，用于控制夹具拾取释放动作，置 1 为打开真空拾取，置 0 为关闭真空释放。

2）创建数字输出：doVaccumOK，用于真空反馈信号，置 1 为真空已建立，置 0 为真空已消失。

3）按照图 5-34 所示进行组件属性之间的连结。

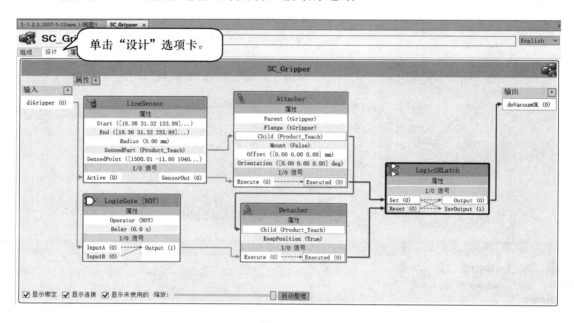

图　5-33

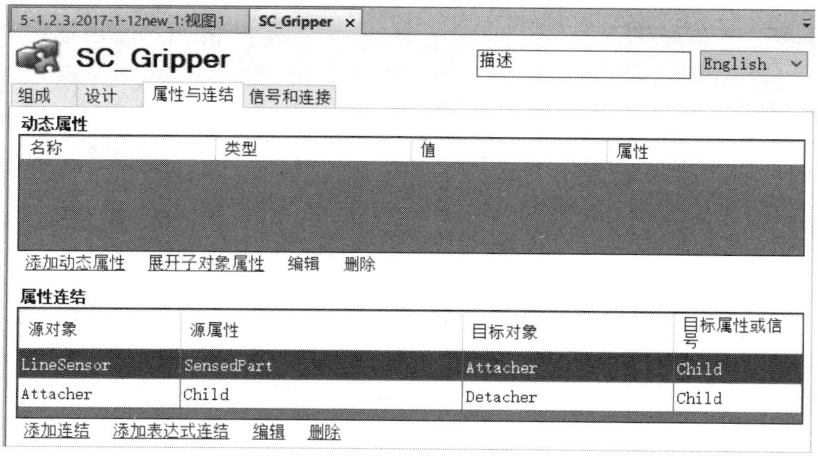

图　5-34

4）按照图 5-35 所示进行组件信号之间的连接。

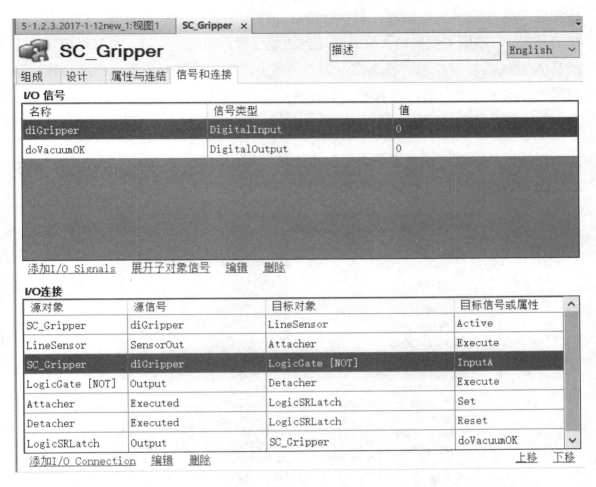

图 5-35

接下来梳理一下：

1）当工业机器人工具运动到产品拾取位置，工具上的线传感器 LineSensor 检测到产品 A，则产品 A 即作为要拾取的对象，将产品 A 拾取之后，工业机器人工具运动到放置位置执行工具释放动作，则产品 A 作为释放的对象，即被工具放下。

2）将数字输入信号 diGripper 置 1 触发传感器开始执行检测。传感器检测到物体之后触发拾取动作执行。上述两个信号连接，利用非门的中间连接实现的是当关闭真空后触发释放动作执行。拾取动作完成后触发置位/复位组件执行"置位"动作。释放动作完成后触发置位/复位组件执行"复位"动作。置位/复位组件的动作触发真空反馈信号置位/复位动作。实现的最终效果为当拾取动作完成后将 doVacuumOK 置 1，当释放动作完成后将 doVacuumOK 置 0。

3）工业机器人夹具运动到拾取位置，打开真空后，线传感器开始检测，如果检测到产品 A 与其发生接触，则执行拾取动作，夹具将产品 A 拾取，并将真空反馈信号置 1，然后工业机器人夹具运动到放置位置，关闭真空后，执行释放动作，产品 A 被夹具放下，同时将真空反馈信号置 0，工业机器人夹具再次运动到拾取位置去拾取下一个产品，进入下一个循环。

五、Smart 组件的动态模拟运行

在输送链末端已预置了一个专门用于演示用的产品"Product_Teach"。Smart 组件的动态模拟运行过程如图 5-36 ～图 5-39 所示。

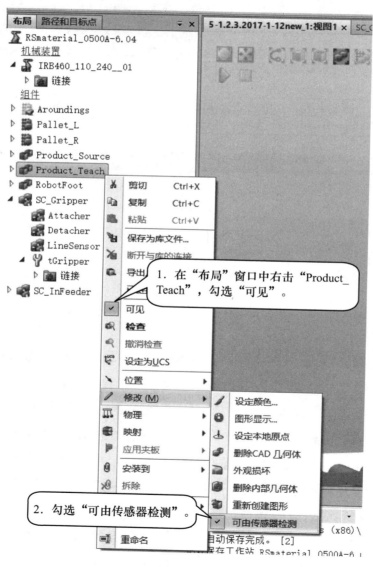

图　5-36

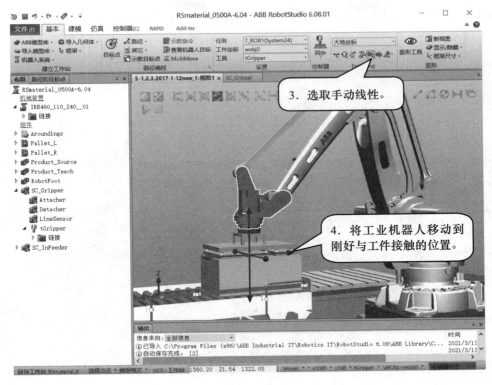

图　5-37

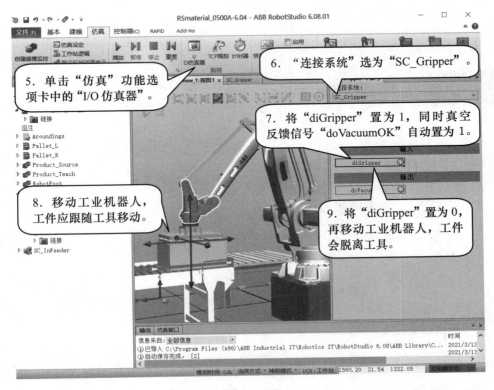

图　5-38

验证完成后，将演示用的产品取消"可见"，并且取消"可由传感器检测"。

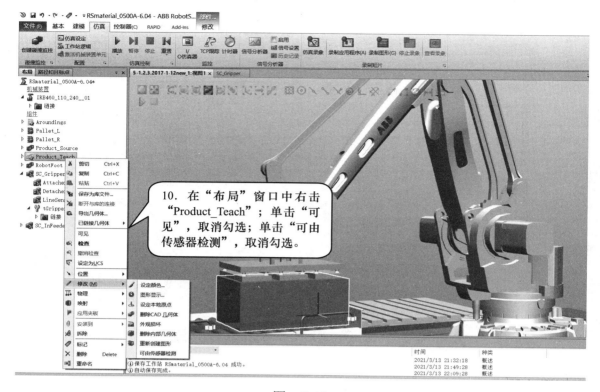

图　5-39

 任务 5-3　工作站逻辑设定

 工作任务

1．工业机器人程序模板及信号说明。

2．设定工作站逻辑。

3．仿真运行。

实践操作

在本工作站中，工业机器人的程序以及 I/O 信号已提前设定完成，无须再做编辑。通过前面的任务，已基本设定完成 Smart 组件的动态效果，接下来需要设

定 Smart 组件与工业机器人端的信号通信，从而完成整个工作站的仿真动画。工作站逻辑设定即为：将 Smart 组件的输入输出信号与工业机器人端的输入输出信号做信号关联。Smart 组件的输出信号作为工业机器人端的输入信号，工业机器人端的输出信号作为 Smart 组件的输入信号，此处就可以将 Smart 组件当作一个与工业机器人进行 I/O 通信的 PLC 来看待。

一、查看工业机器人程序及 I/O 信号

查看工业机器人程序及 I/O 信号过程如图 5-40、图 5-41 所示。

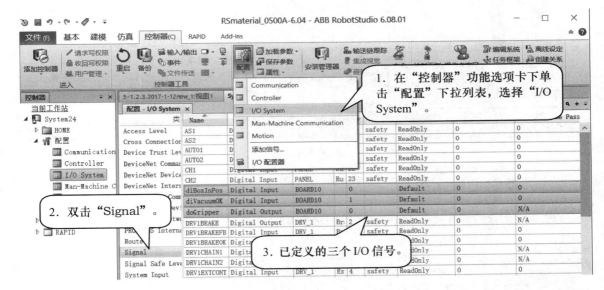

图　5-40

图 5-40 中三个 I/O 信号说明见表 5-1。

表　5-1

信　号　名　字	描　　　述
diBoxInPos	数字输入信号，用作产品到位信号
diVacuumOK	数字输入信号，用作真空反馈信号
doGripper	数字输出信号，用作控制真空吸盘动作

I/O 信号的设定方法请参考任务 8-4 中的相关说明。

本任务中程序的大致流程为：工业机器人在输送链末端等待，产品到位后将其拾取，放置在右侧托盘上，踩型为常见的"3+2"，即竖着放 2 个产品，横着放 3 个产品，第二层位置交错。本任务中工业机器人只进行右侧码垛，共计码垛 10 个即满载，工业机器人回到等待位继续等待，仿真结束。

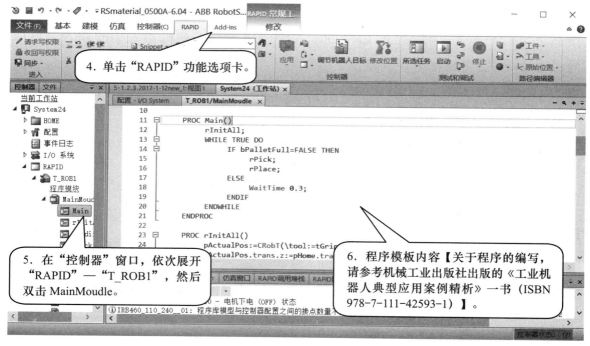

图　5-41

二、设定工作站逻辑

设定工作站逻辑过程如图 5-42、图 5-43 所示。

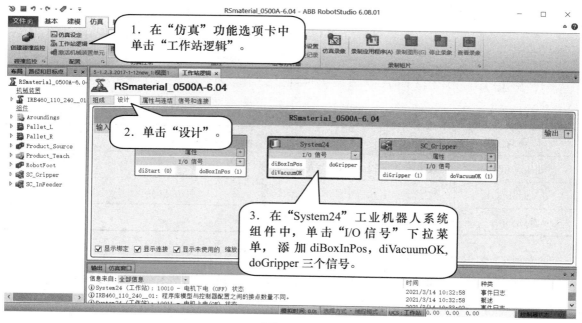

图　5-42

需要依次添加图 5-42 所示的几个 I/O 连接。工业机器人端的控制真空吸盘动作的信号与 Smart 夹具的动作信号相关联。Smart 输送链的产品到位信号与工业机器人端的产品到位信号相关联。Smart 夹具的真空反馈信号与工业机器人端的真空反馈信号相关联。

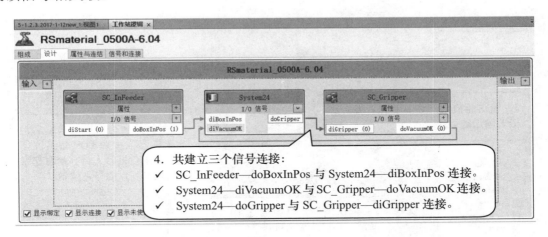

图　5-43

三、仿真运行

仿真运行过程如图 5-44、图 5-45 所示。

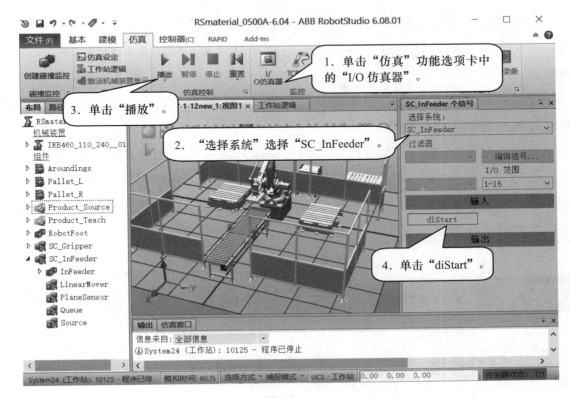

图　5-44

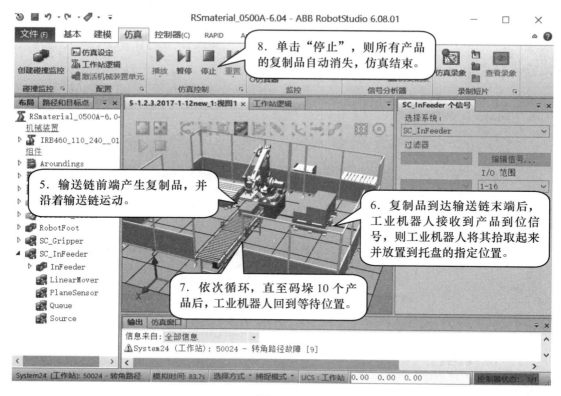

图　5-45

由于在任务 5-1 中更改了组件的 Source 属性，勾选了"Transient"这个选项，所以当仿真结束后，仿真过程中所生成的复制品全部自动消失，避免了手动删除的操作。

可以利用"文件"菜单里共享中的打包功能，将制作完成的码垛仿真工作站进行打包并与他人进行分享。

至此，已经完成了码垛仿真工作站的动画效果制作，大家可以在此基础上进行扩展练习，例如修改程序，完成更多层数的码垛或者完成左右双边交替码垛；引入自己制作的夹具（如夹板、夹爪等）、输送链、产品等其他素材，模拟实际项目的仿真动画效果。

任务 5-4　Smart 组件——子组件概览

 工作任务

查询 Smart 组件的详细功能说明。

实践操作

在前面的任务中已使用 Smart 组件的功能实现工作站的动画效果，为了在以后的使用中，能够更好地发挥 Smart 组件的功能，在本任务里，教大家查询 Smart 组件的详细功能说明，具体操作如图 5-46 所示。

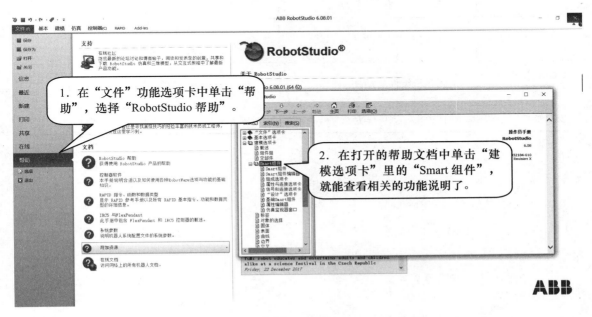

图　5-46

学习检测

技能自我学习检测评分表见表 5-2。

表　5-2

项　　目	技 术 要 求	分　　值	评 分 细 则	评 分 记 录	备　　注
用 Smart 组件创建动态输送链	1. 设定输送链产品源 2. 设定输送链运动属性 3. 设定输送链限位传感器 4. 创建 Smart 组件的属性与连结 5. 创建 Smart 组件的信号和连接 6. SMART 组件的模拟动态运行	20	1. 理解流程 2. 操作流程		

（续）

项　　目	技 术 要 求	分　　值	评 分 细 则	评 分 记 录	备　　注
用 Smart 组件创建动态夹具	1. 设定夹具属性 2. 设定检测传感器 3. 设定拾取、放置动作 4. 创建 Smart 组件属性与信号的连接 5. Smart 组件的模拟动态运行	20	1. 理解流程 2. 操作流程		
工作站逻辑设定	掌握工作站逻辑的设定	20	1. 理解流程 2. 操作流程		
Smart 组件 —— 子组件概览	了解各子组件的功能	20	理解与掌握		
安全操作	符合上机实训操作要求	20			

项目 6 带导轨和变位机的工业机器人系统创建与应用

教学目标

1. 学会创建带导轨的工业机器人系统。
2. 学会创建导轨运动轨迹并仿真运行。
3. 学会创建带变位机的工业机器人系统。
4. 学会创建变位机运动轨迹并仿真运行。

任务 6-1 创建带导轨的工业机器人系统

工作任务

1. 创建带导轨的工业机器人系统。
2. 创建运动轨迹并仿真运行。

实践操作

在工业应用过程中，为工业机器人系统配备导轨，可大大增加工业机器人的工作范围，在处理多工位以及较大工件时有着广泛的应用。本任务将练习如何在RobotStudio 软件中创建带导轨的工业机器人系统，创建简单的轨迹并仿真运行。

一、创建带导轨的工业机器人系统

创建带导轨的工业机器人系统过程如图 6-1 ～图 6-8 所示。

创建一个空的工作站，并导入工业机器人模型以及导轨模型。

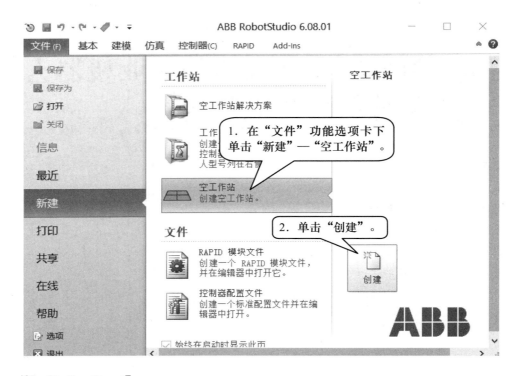

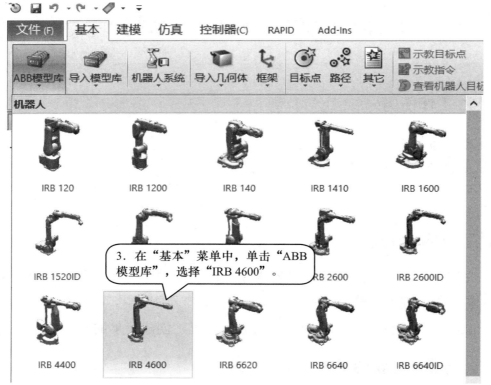

图　6-1

图 6-2

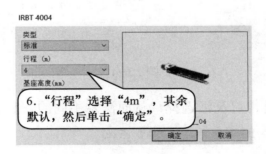

图 6-3

图6-3中参数说明如下:

1)行程:指的是导轨的可运行长度。

2)基座高度:指的是导轨上面再加装工业机器人底座的高度。

3)机器人角度:加装的工业机器人底座方向选择,有0和90°可选。

此处不加装底座,后两项参数默认为0。

然后在"基本"菜单的布局窗口将工业机器人安装到导轨上。

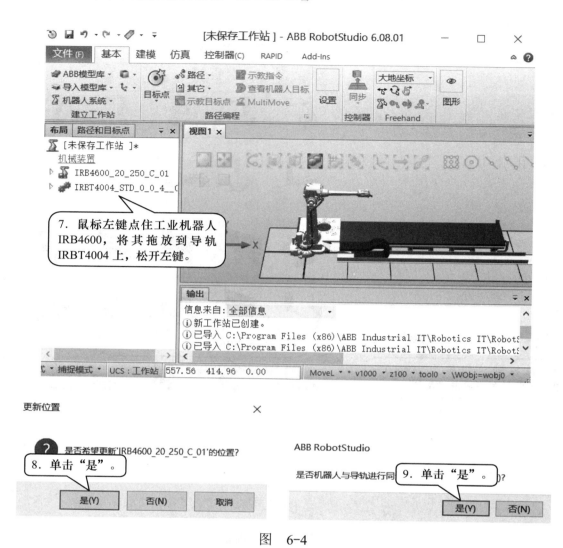

图　6-4

导轨基座上安装孔位可灵活选择，从而满足不同的安装需求。

安装完成后，接下来创建工业机器人系统。

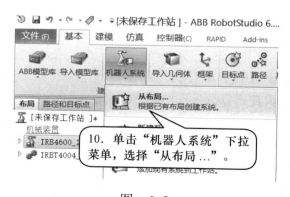

图　6-5

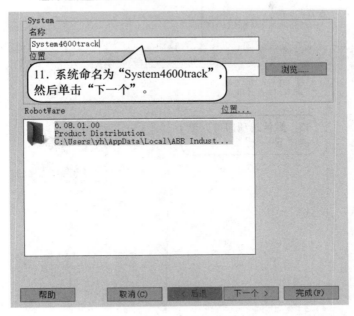

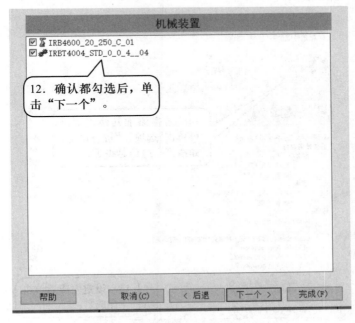

图　6-6

在创建带外轴的工业机器人系统时，建议使用从布局创建系统，这样在创建过程中，其会自动添加相应的控制选项以及驱动选项，无须自己配置。

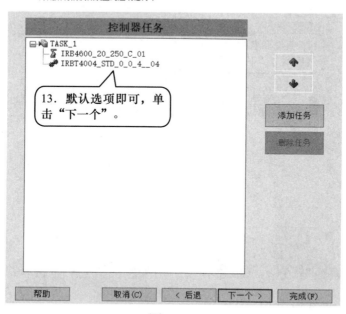

图　6-7

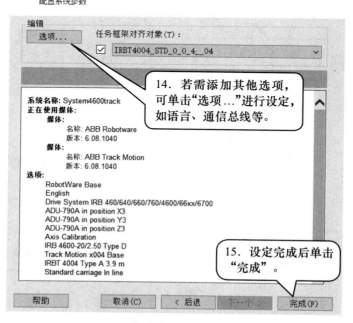

图　6-8

二、创建运动轨迹并仿真运行

导轨作为工业机器人的外轴，在示教目标点时，既保存了工业机器人本体的位置数据，又保存了导轨的位置数据。下面就在此系统中创建简单的几个目标点生成运动轨迹，使工业机器人与导轨同步运动。过程如图6-9～图6-16所示。

例如，将工业机器人原位置作为运动的起始位置，通过示教目标点将此位置记录下来。

图　6-9

利用手动拖动，将工业机器人以及导轨运动到另外一个位置，并记录该目标点。

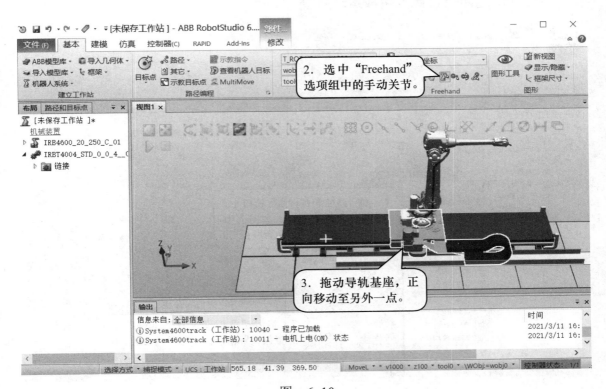

图　6-10

161

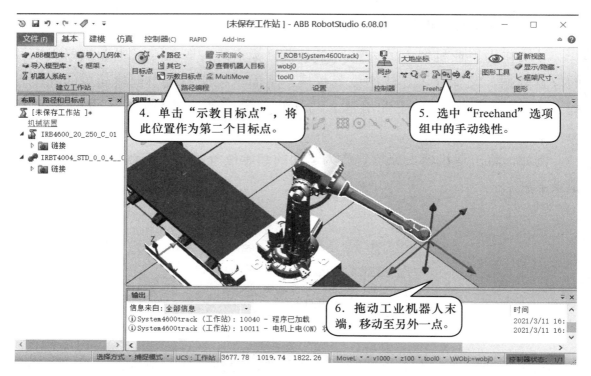

图　6-11

然后利用这两个目标点生成运动轨迹。

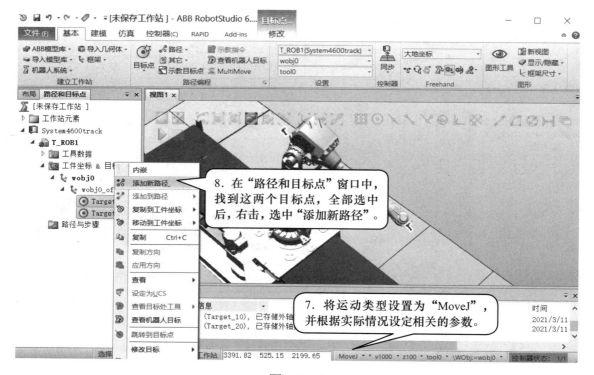

图　6-12

接着为生成的路径 Path_10 自动配置轴配置参数。

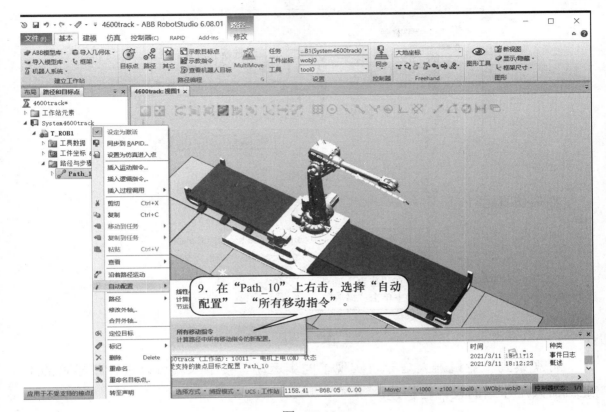

图　6-13

将此条轨迹同步到虚拟控制器。

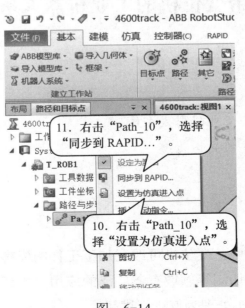

图　6-14

同步到 RAPID

图　6-15

然后仿真运行。

图　6-16

可观察到工业机器人与导轨实现了同步运动。接下来就可以进行带导轨的工业机器人工作站的设计与构建。

任务 6-2　创建带变位机的工业机器人系统

工作任务

1. 创建带变位机的工业机器人系统。
2. 创建运动轨迹并仿真运行。

实践操作

在工业机器人应用中，变位机可改变加工工件的姿态，从而增大工业机器人的工作范围，在焊接、切割等领域有着广泛的应用。本任务以带变位机的工业机器人系统对工件表面加工处理为例进行讲解。

一、创建带变位机的工业机器人系统

创建带变位机的工业机器人系统如图 6-17～图 6-24 所示。

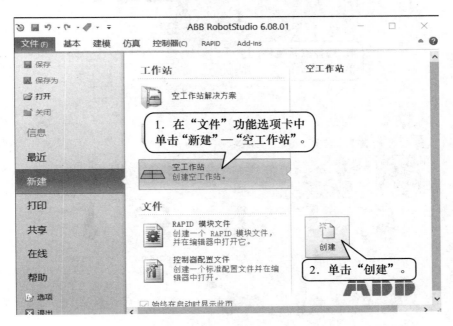

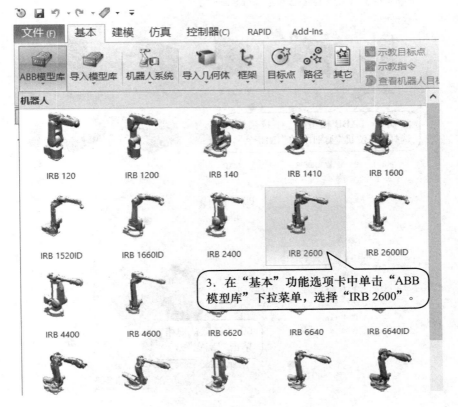

图 6-17

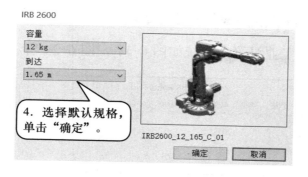

IRB 2600

容量
12 kg

到达
1.65 m

4. 选择默认规格，单击"确定"。

IRB2600_12_165_C_01

确定　取消

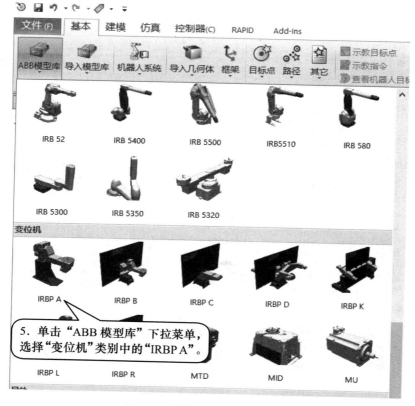

图　6-18

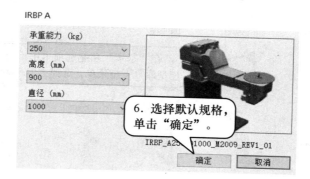

IRBP A

承重能力（kg）
250

高度（mm）
900

直径（mm）
1000

6. 选择默认规格，单击"确定"。

IRBP_A2...1000_M2009_REV1_01

确定　取消

图　6-19

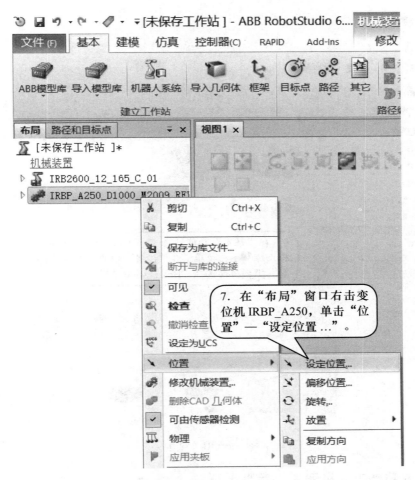

图　6-19（续）

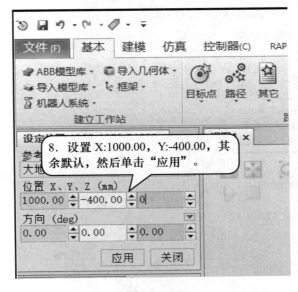

图　6-20

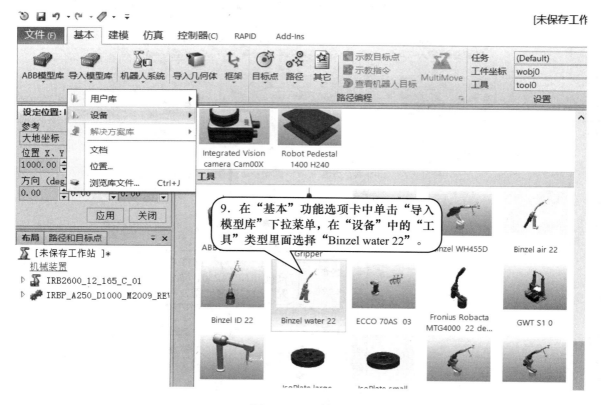

图　6-20（续）

将工具安装到工业机器人法兰盘上。

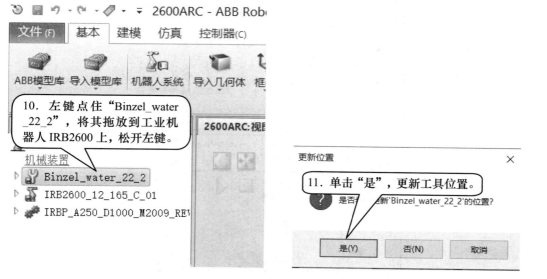

图　6-21

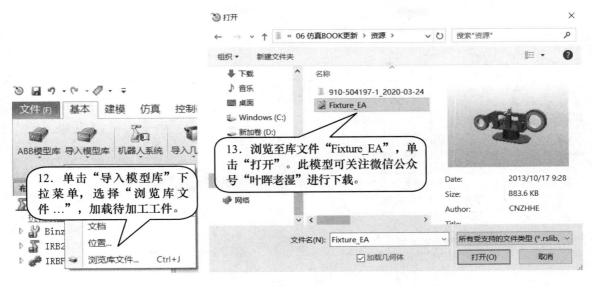

图　6-22

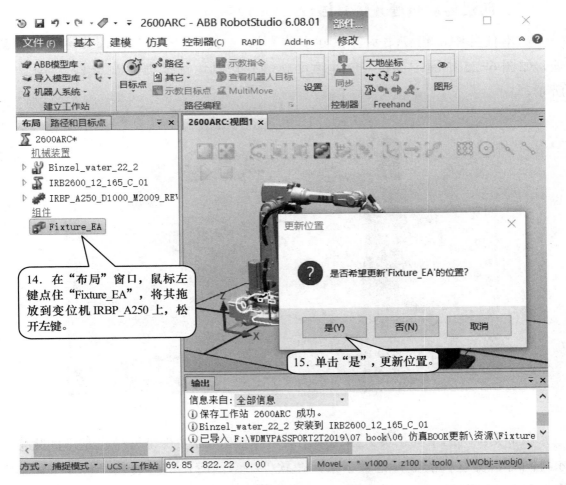

图　6-23

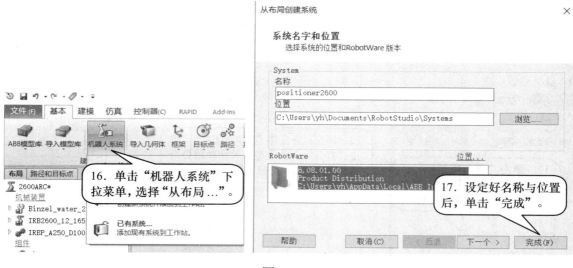

图 6-24

二、创建运动轨迹并仿真运行

在本任务中，仍使用示教目标点的方法，对工件的大圆孔部位进行轨迹处理，如图6-25中圈中部位。创建运动轨迹并仿真运行过程如图6-25～图6-39所示。

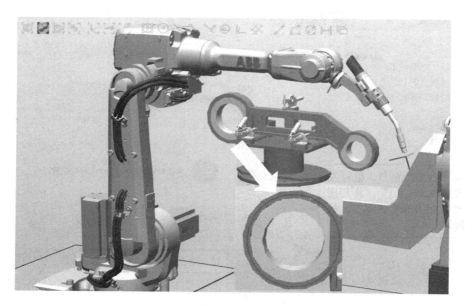

图 6-25

在带变位机的工业机器人系统中示教目标点时，需要保证变位机是激活状态，才可同时将变位机的数据记录下来，在软件中激活变位机需要在"仿真"菜单中执行图6-26所示操作。

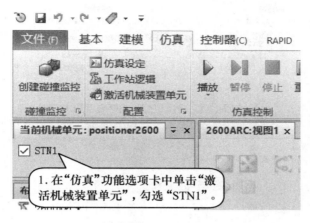

图 6-26

这样，在示教目标点时才可记录变位机的关节数据。

接下来示教一个安全位置。

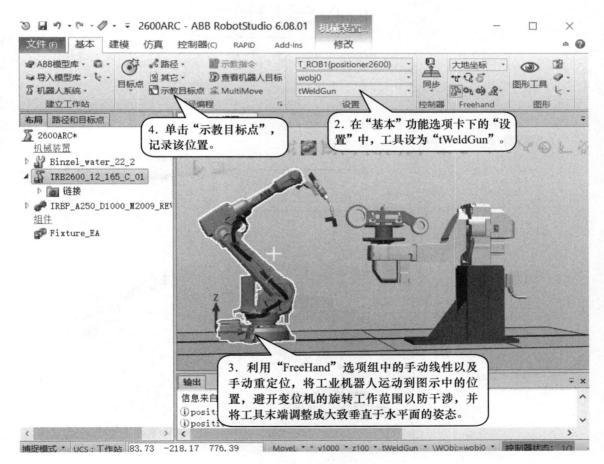

图 6-27

先将变位机姿态调整到位，需要将变位机关节 1 旋转 90°。

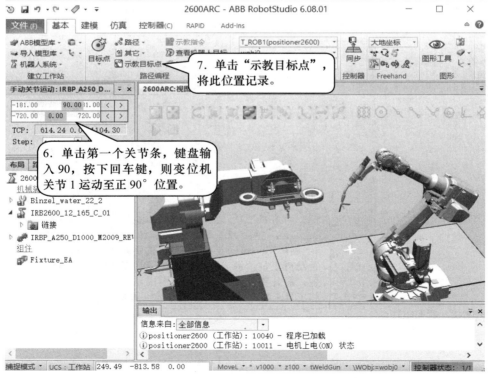

图　6-28

利用"FreeHand"中的手动线性，并配合捕捉点的工具，依次示教工件表面的 5 个目标点。

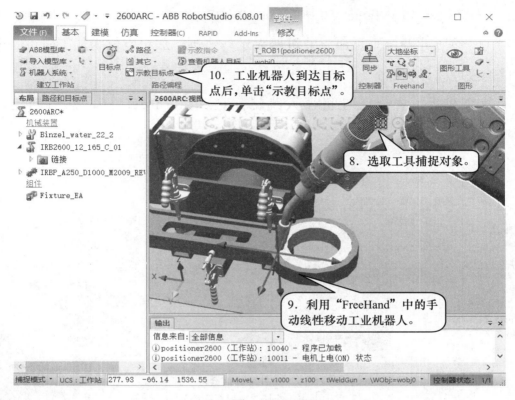

图   6-29

5 个目标点的位置和顺序如图 6-30 所示。

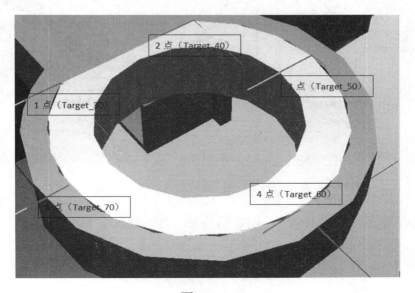

图   6-30

　　则前后一共示教了 7 个目标点，工业机器人运动顺序为：Target_10 → Target_20 → Target_30 → Target_40 → Target_50 → Target_60 → Target_70 → Target_30 → Target_20 → Target_10。按照此顺序来生成工业机器人运动轨迹，加粗点位为加工轨迹，未加粗点位为接近离开轨迹。

　　示教完成后，先将工业机器人跳转回目标点 Target_10，然后创建运动轨迹。

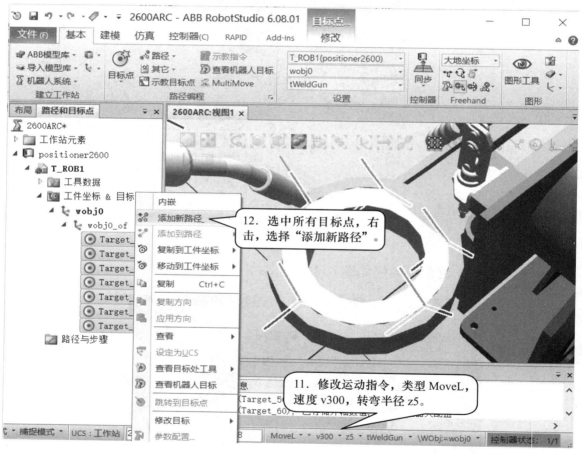

图　6-31

　　接着完善路径，在 MoveL　p70 指令后，依次添加 MoveL 30、MoveL 20、MoveL 10。

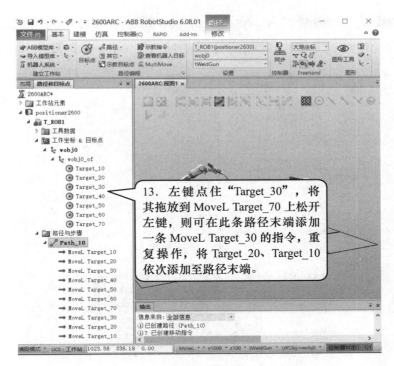

图　6-32

根据实际情况转换运动类型，例如运动轨迹中有两段圆弧。

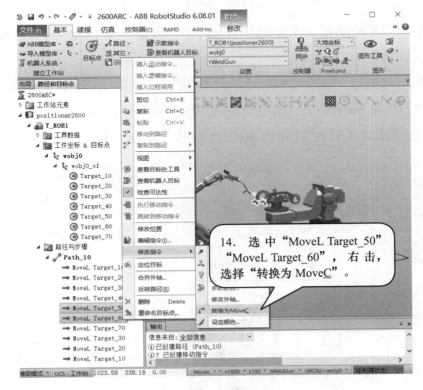

图　6-33

重复上述步骤，将之后的 MoveL Target_70、MoveL Target_30 也转换成 MoveC。

然后将运动轨迹前后的接近和离开运动修改为 MoveJ 运动类型。

图　6-34

继续将第二条运动指令 MoveL Target_20、最后一条指令 MoveL Target_10 也修改为 MoveJ 类型。

将工件表面轨迹的起点处运动以及终点处运动的转弯半径设为 fine，即把 MoveL Target_30 和 MoveC Target_70 两条运动指令的转弯半径设为 fine。

此外，还需添加外轴控制指令 ActUnit 和 DeactUnit，控制变位机的激活与失效。

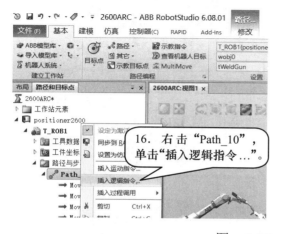

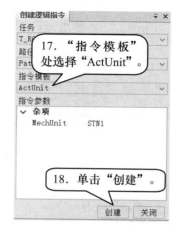

图　6-35

则在 path_10 的第一行加入了 ActUnit STN1 的控制指令。

之后仿照上述步骤，在 Path_10 的最后一行右击，单击"插入逻辑指令"，加入 DeactUnit STN1 指令。

设置完成后的最终轨迹如图 6-36 所示。

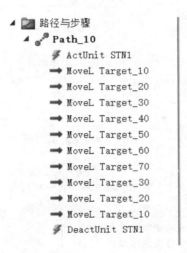

图 6-36

然后为路径 Path_10 自动配置轴配置参数。

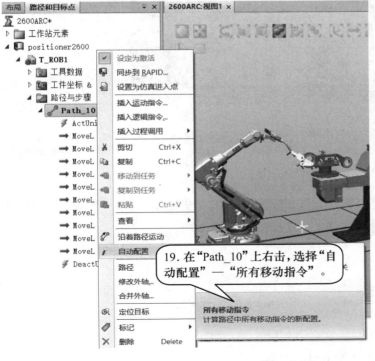

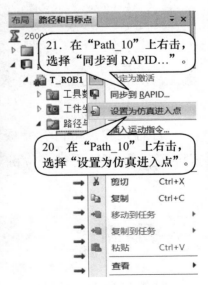

图 6-37

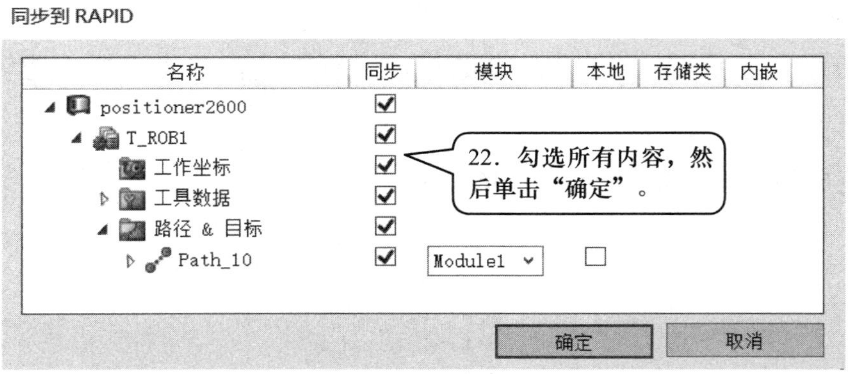

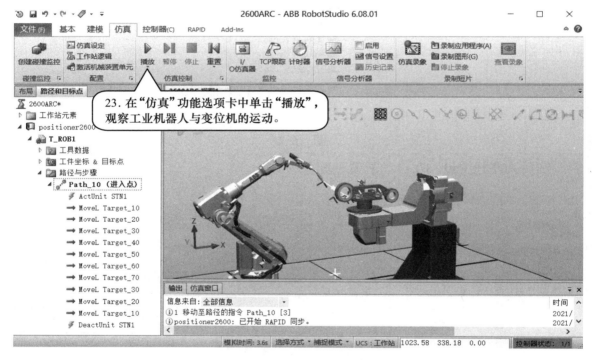

图 6-38

图 6-39

若有兴趣，可自行完成工件小圆处的处理轨迹，以及工件另一侧两个圆的处理轨迹，从而熟悉带变位机工业机器人系统的离线编程方法。

学习检测

技能自我学习检测评分表见表6-1。

表　6-1

项　　目	技 术 要 求	分　　值	评 分 细 则	评 分 记 录	备　　注
创建带导轨的工业机器人系统	1.创建带导轨的工业机器人系统 2.创建运动轨迹并仿真运行	40	1.理解流程 2.操作流程		
创建带变位机的工业机器人系统	1.创建带变位机的工业机器人系统 2.创建运动轨迹并仿真运行	40	1.理解流程 2.操作流程		
安全操作	符合上机实训操作要求	20			

项目 7 ScreenMaker 示教器用户自定义界面

教学目标

1. 了解 ScreenMaker 的功能。
2. 学会设定与示教器用户自定义界面关联的 RAPID 程序与数据。
3. 学会使用 ScreenMaker 创建示教器用户自定义界面。
4. 学会使用 ScreenMaker 中的控件构建示教器用户自定义界面。
5. 学会使用 ScreenMaker 调试与修改示教器用户自定义界面。

任务 7-1 了解 ScreenMaker 及准备工作

工作任务

1. 了解什么是 ScreenMaker。
2. 为注塑机取件机器人创建示教器用户自定义界面的准备工作。

实践操作

一、什么是 ScreenMaker

ScreenMaker 是用来创建用户自定义界面的 RobotStudio 工具。使用该工具无须学习 Visual Studio 开发环境和 .NET 编程即可创建自定义的示教器图形界面。

使用自定义的操作员界面在工厂实地能简化工业机器人系统操作。设计合理的操作员界面能在正确的时间以正确的格式将正确的信息显示给用户。

图形用户界面（GUI）通过将工业机器人系统的内在工作转化为图形化的前端界面，从而简化工业机器人的操作。如在示教器的 GUI 应用中，图形化界面由多个屏幕组成，每个占用示教器触屏的用户窗口区域。每个屏幕又由一定数量的较小的图形组件构成，并按照设计的布局进行摆放。常用的控件有（有时又称作窗口部件或图形组件）按钮、菜单、图像和文本框。示教器如图 7-1 所示。

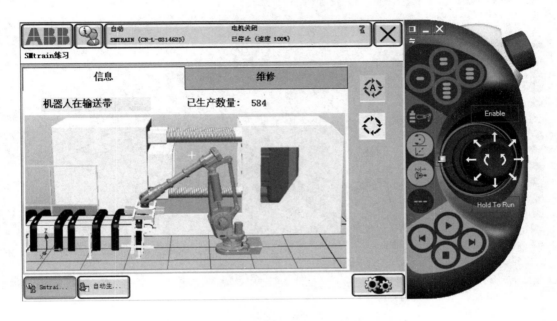

图　7-1

二、为注塑机取件机器人创建示教器用户自定义界面的准备工作

在本项目中，为了简化注塑机取件机器人的操作，将一些常用的工业机器人控制操作进行图形化。

图形化界面需要与工业机器人的 RAPID 程序、程序数据以及 I/O 信号进行关联。为了调试的方便，一般是在 RobotStudio 中创建一个与真实一样的工作站，在调试完成以后，再输送到真实的工业机器人控制器中。

已构建好一个用于创建注塑机取件机器人示教器用户自定义界面的工作站，如图 7-2 所示。读者可以在微信中关注"叶晖老湿"进行下载后双击进行解包打开。

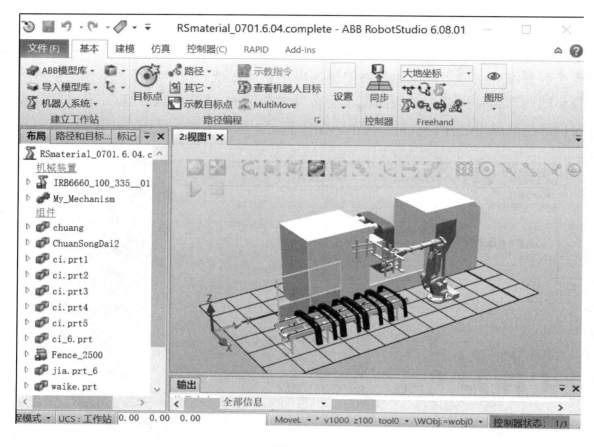

图 7-2

示教器用户自定义界面的数据已在此工作站中准备完成，Rapid 程序见表 7-1、程序数据见表 7-2、I/O 信号见表 7-3。

表 7-1

模　块	说　明
ModuleForSM	存放关联的程序数据、例行程序
例 行 程 序	说　明
Main	测试程序，用于测试用户自定义界面
rToService	工业机器人运行到维修位置

表 7-2

程 序 数 据	储 存 类 型	数 据 类 型	说　明
nProducedParts	PERS	num	已生产工件数量
nRobotPos	PERS	num	工业机器人当前位置
bServicePos	PERS	Bool	工业机器人在维修位置

表 7-3

信 号	类 型	说 明
DO_ToService	数字输出	工业机器人在维修位置
DO_VacummOn	数字输出	夹具打开真空
GO_FeederSpeed	组输出	输送带速度调节

要使用示教器用户自定义界面功能,工业机器人必须有图 7-3 所示虚线框中的选项。

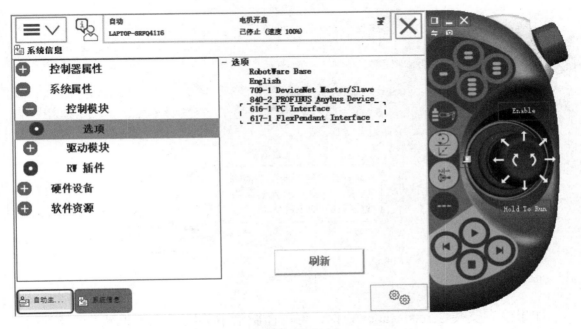

图 7-3

任务 7-2 创建注塑机取件机器人用户自定义界面

 工作任务

1. 使用 ScreenMaker 创建一个新项目。

2. 使用 ScreenMaker 对界面进行布局。

3. 对项目进行保存。

实践操作

ScreenMaker 功能只在 32 位的 RobotStudio 中运行，所以应打开 32 位版本的 RobotStudio，如图 7-4 所示。

图　7-4

打开之前的那个注塑机项目，使用 ScreenMaker 创建一个新项目、对界面进行布局，并保存项目。具体步骤如图 7-5 ～图 7-13 所示。

图　7-5

如果没有安装 ScreenMaker 软件，可以在微信中关注"叶晖老湿"进行下载，也可从以下的链接进行下载：https://developercenter.robotstudio.com/。

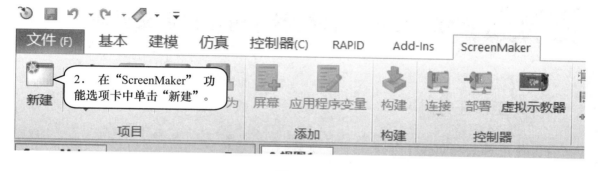

图　7-6

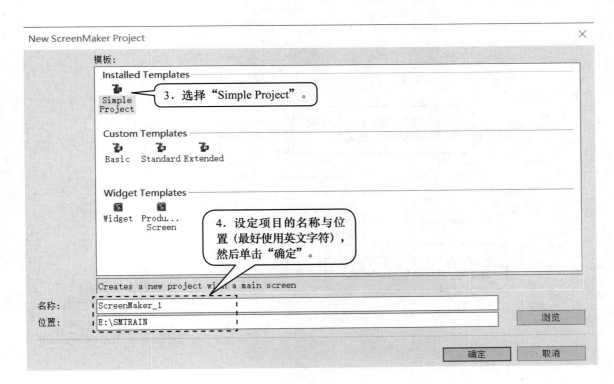

图　7-7

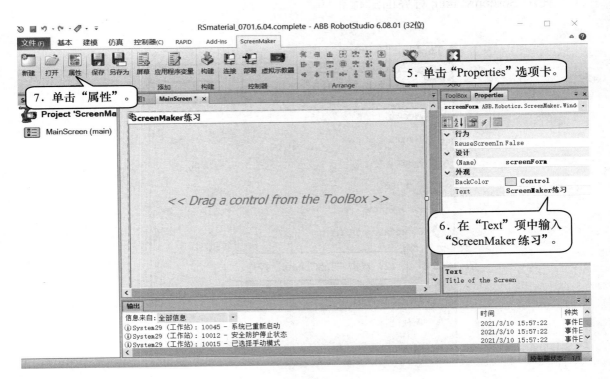

图　7-8

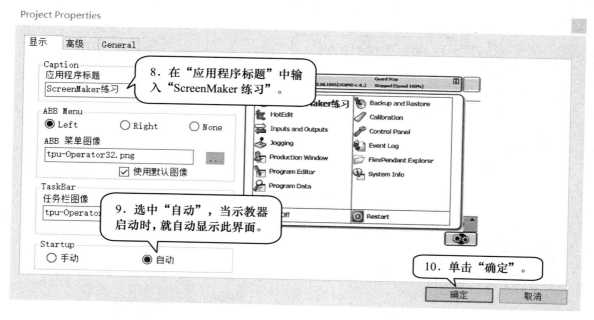

图　7-9

使用 ScreenMaker 对界面进行布局。

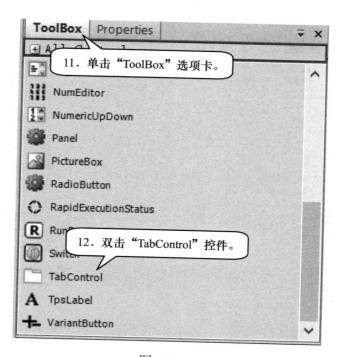

图　7-10

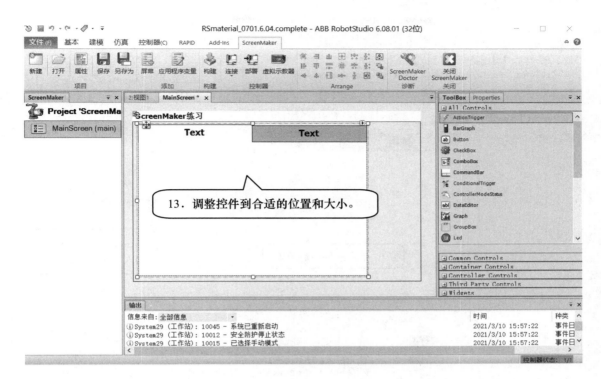

图　7-11

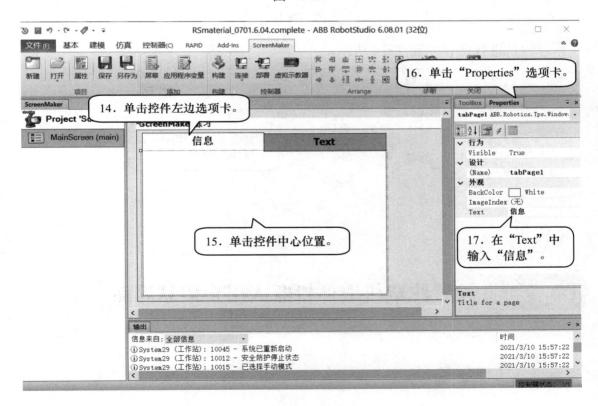

图　7-12

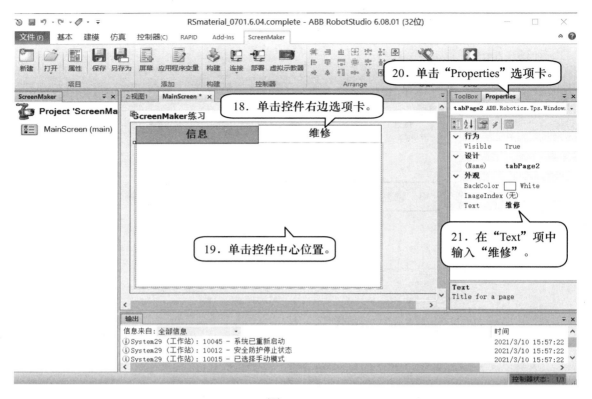

图 7-13

对项目进行保存如图 7-14 所示。

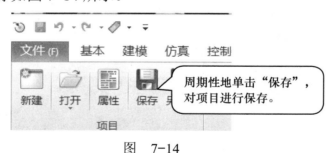

图 7-14

 任务 7-3 **设置注塑机取件机器人用户信息界面**

工作任务

1. 使用 ScreenMaker 设置工业机器人当前位置文字提示。

2．使用 ScreenMaker 设置工业机器人当前位置图形提示。

3．使用 ScreenMaker 设置工业机器人已取件数量。

4．调试"信息"界面。

 实践操作

一、使用 ScreenMaker 设置工业机器人当前位置文字提示

工业机器人当前位置文字提示是与程序数据 nRobotPos 相关联的，具体定义如下：

nRobotPos=0　工业机器人在 HOME 点

　　　　　1．工业机器人在输送带

　　　　　2．工业机器人在注塑机中

　　　　　3．工业机器人在维修位

编程时，在对应的位置加入对 nRobotPos 这个程序数据进行的赋值，从而使界面做出响应。

使用 ScreenMaker 设置工业机器人当前位置文字提示过程如图 7-15 ～图 7-21 所示。

图　7-15

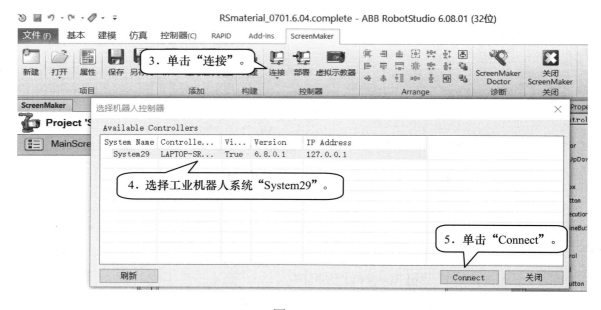

图　7-16

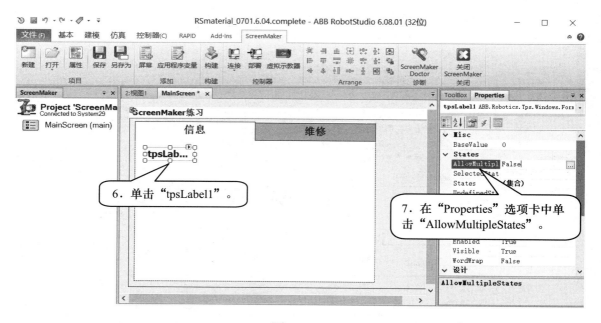

图　7-17

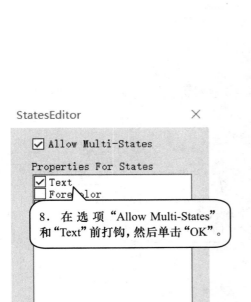

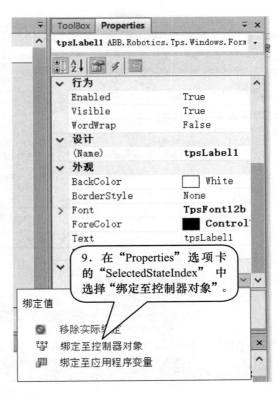

图　7-18

将工业机器人的动作说明与程序数据 nRobotPos 关联起来。

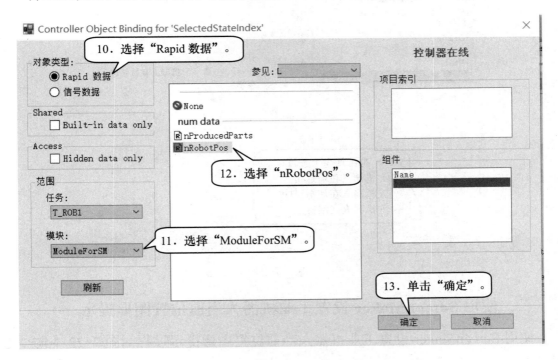

图　7-19

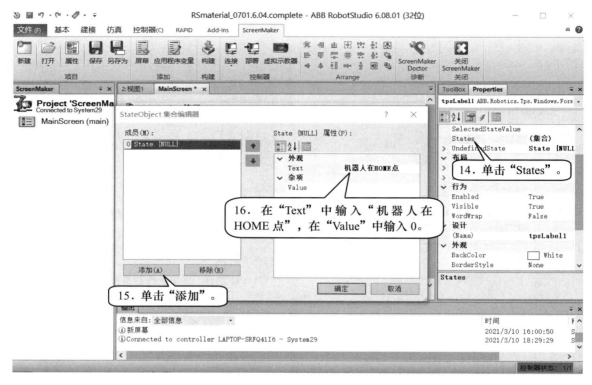

图　7-20

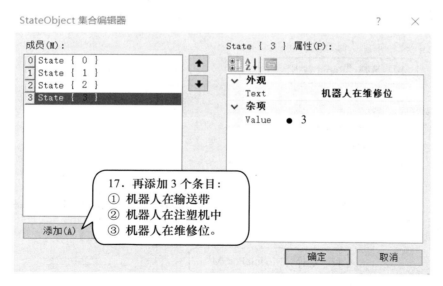

图　7-21

二、使用 ScreenMaker 设置工业机器人当前位置图形提示

使用 ScreenMaker 设置工业机器人当前位置图形提示过程如图 7-22 ～图 7-26 所示。

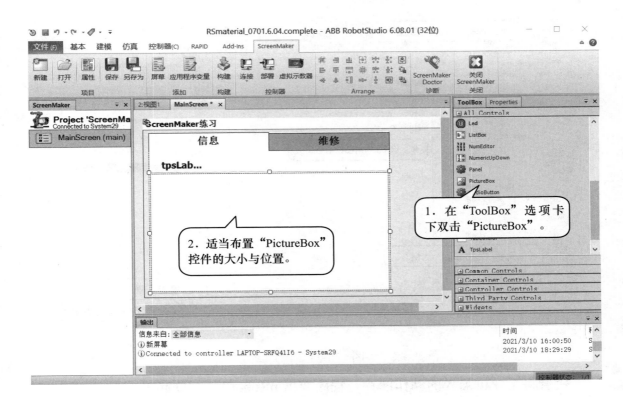

图　7-22

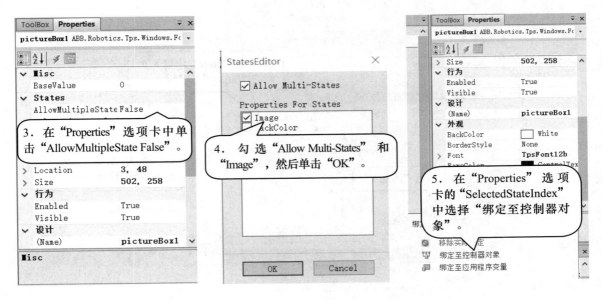

图　7-23

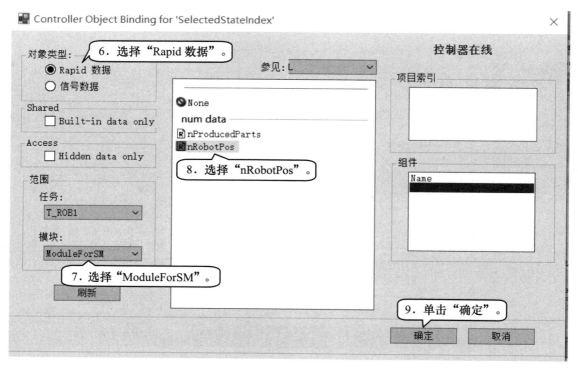

图　7-23（续）

接着将工业机器人的动作图片与程序数据 nRobotPos 关联起来。

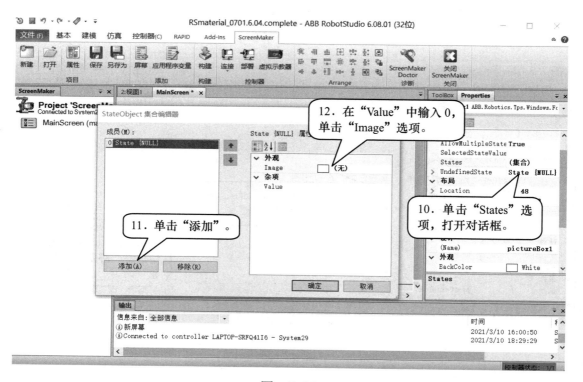

图　7-24

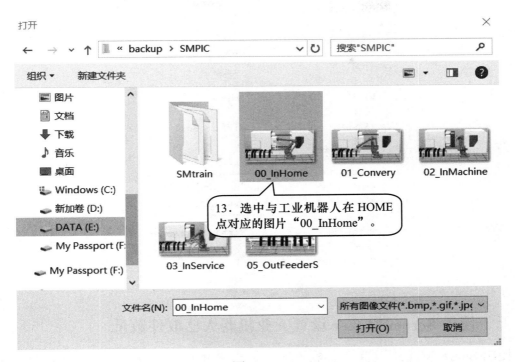

图　7-25

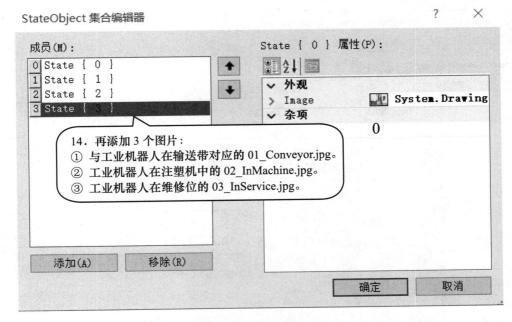

图　7-26

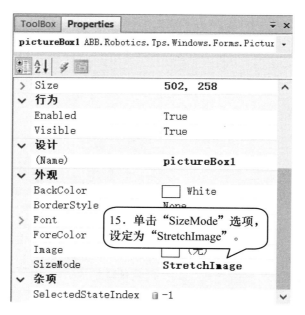

图　7-26（续）

三、使用 ScreenMaker 设置工业机器人已取件数量

使用 ScreenMaker 设置工业机器人已取件数量过程如图 7-27 ～图 7-31 所示。

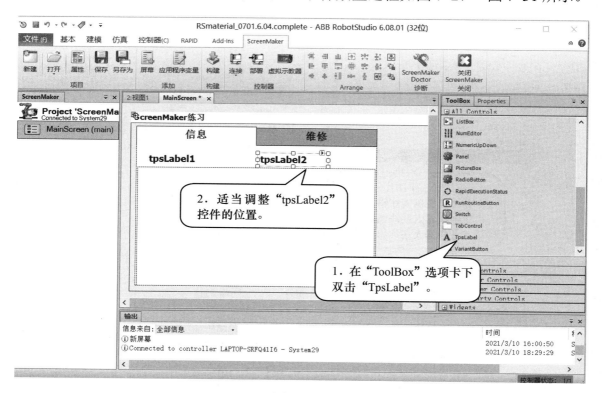

图　7-27

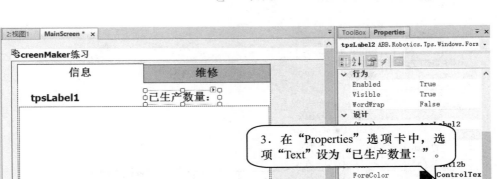

图　7-28

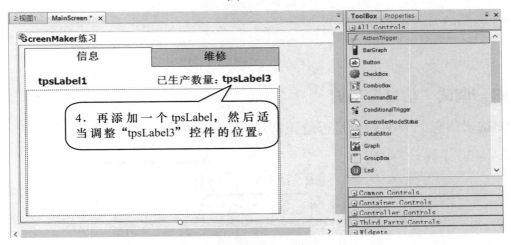

图　7-29

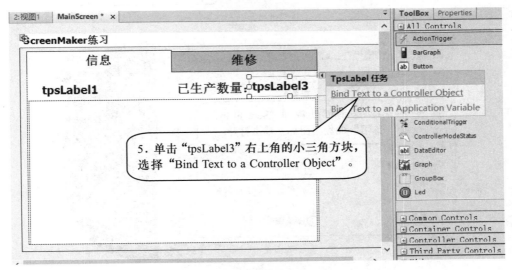

图　7-30

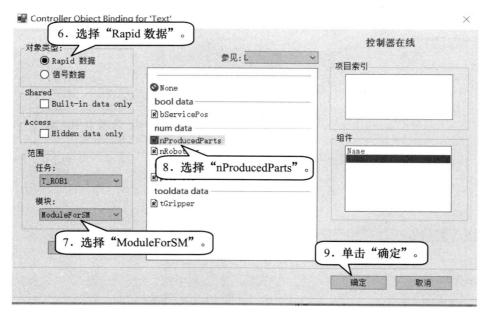

图　7-31

四、调试"信息"界面

调试"信息"界面，看是否能正常运行。步骤如图 7-32、图 7-33 所示。

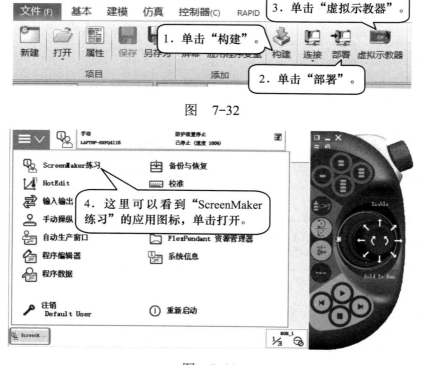

图　7-32

图　7-33

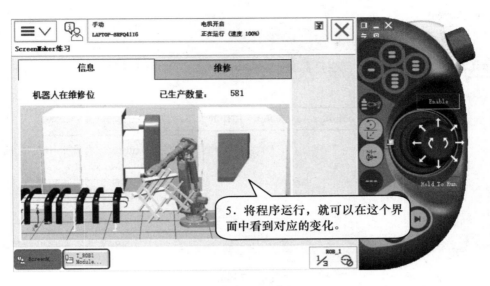

图 7-33（续）

任务 7-4 设置注塑机取件机器人用户状态界面

工作任务

1. 使用 ScreenMaker 设置工业机器人当前手动 / 自动状态提示。
2. 使用 ScreenMaker 设置工业机器人当前程序运行状态提示。
3. 调试"状态"界面。

实践操作

一、使用 ScreenMaker 设置工业机器人当前手动 / 自动状态提示

在 ScreenMaker 中，已预设了与工业机器人系统事件关联的控件，只需进行调用并布局即可。过程如图 7-34 所示。

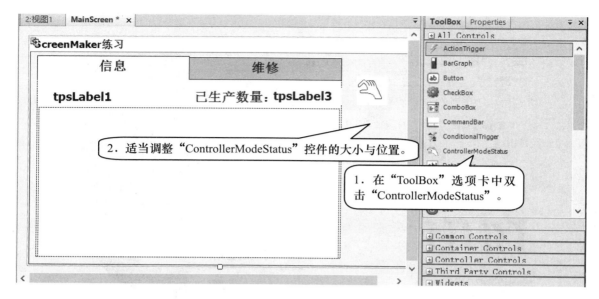

图　7-34

二、使用 ScreenMaker 设置工业机器人当前程序运行状态提示

使用 ScreenMaker 设置工业机器人当前程序运行状态提示过程如图 7-35 所示。

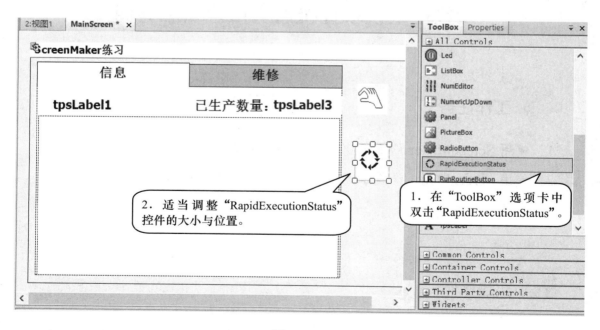

图　7-35

三、调试"状态"界面

调试"状态"界面过程如图 7-36 所示。

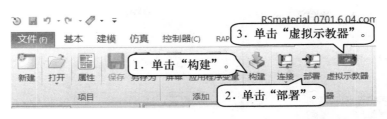

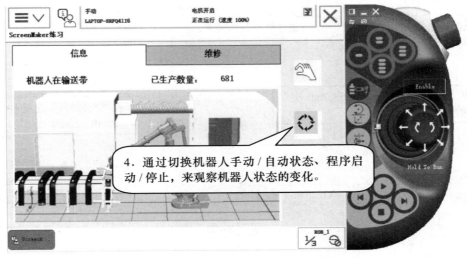

图　7-36

任务 7-5　设置注塑机取件工业机器人用户维修界面

工作任务

1. 使用 ScreenMaker 设置工业机器人回维修位置的功能。
2. 使用 ScreenMaker 设置工业机器人夹具动作控制。
3. 使用 ScreenMaker 设置输送带的速度调节功能。
4. 调试"维修"界面。

实践操作

一、使用 ScreenMaker 设置工业机器人回维修位置的功能

通过 ScreenMaker 设置一个按钮来调用一个例行程序。这样，就可以简化例

行程序的调用步骤，降低误操作的可能。过程如图 7-37 ~ 图 7-41 所示。

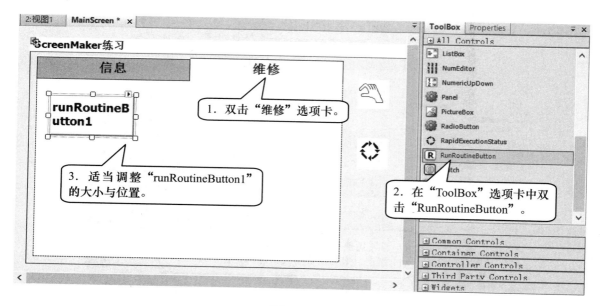

图 7-37

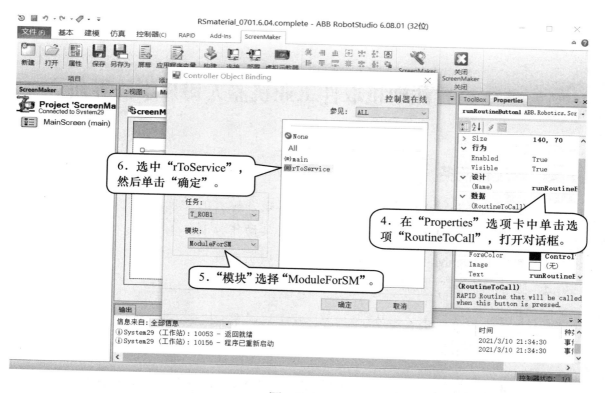

图 7-38

图 7-39

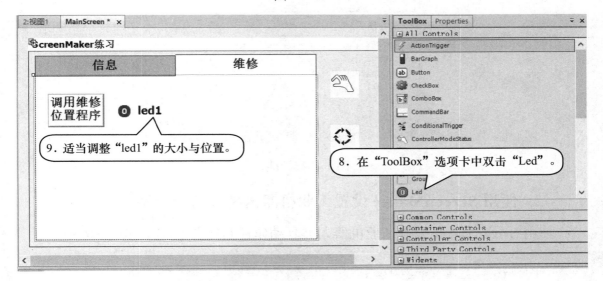

图 7-40

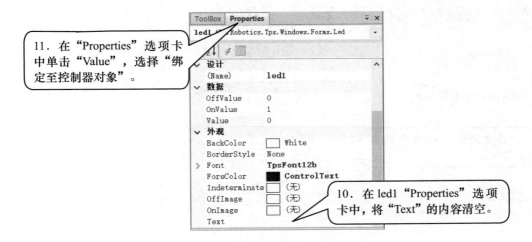

图 7-41

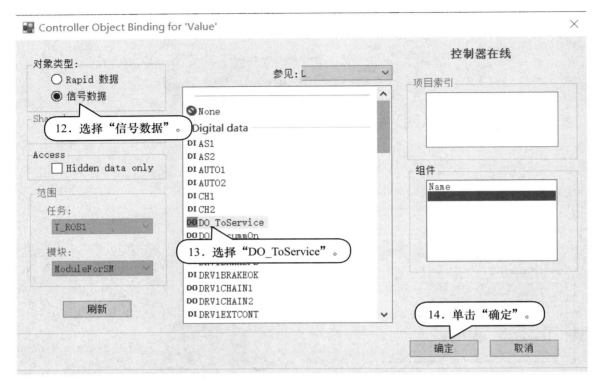

图 7-41（续）

二、使用 ScreenMaker 设置工业机器人夹具动作控制

使用 ScreenMaker 设置工业机器人夹具动作控制如图 7-42～图 7-44 所示。

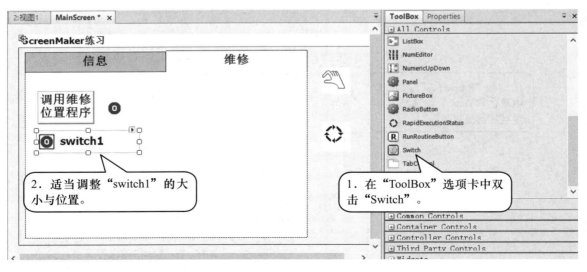

图 7-42

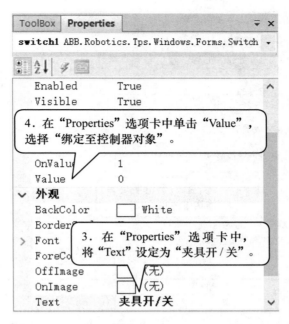

图 7-43

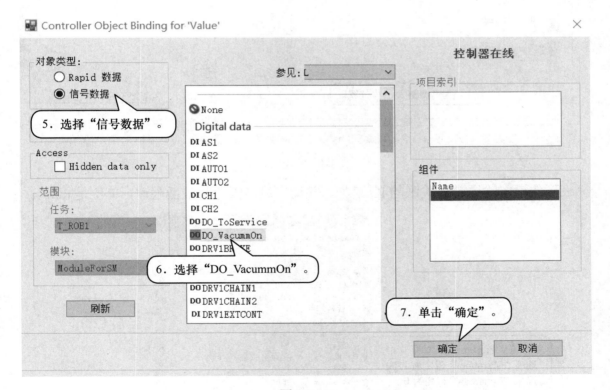

图 7-44

三、使用 ScreenMaker 设置输送带的速度调节功能

使用 ScreenMaker 设置输送带的速度调节功能过程如图 7-45、图 7-46 所示。

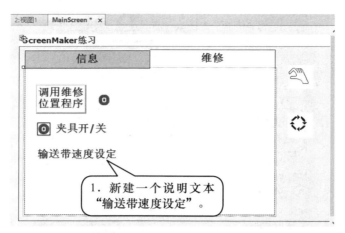

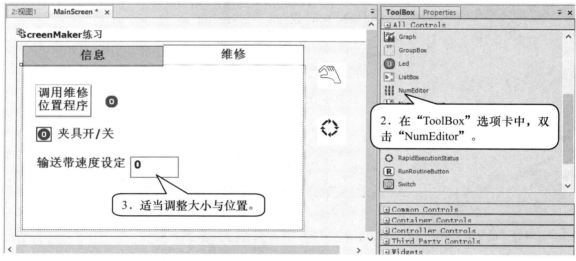

图 7-45

下面设定输送带要关联的IO信号,并设定最高限速与最低限速,单位是mm/s。

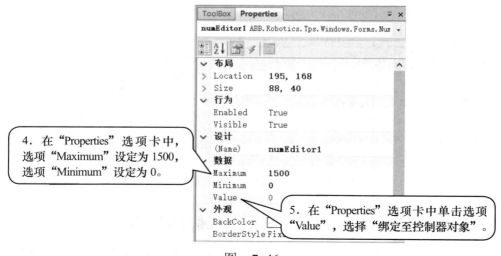

图 7-46

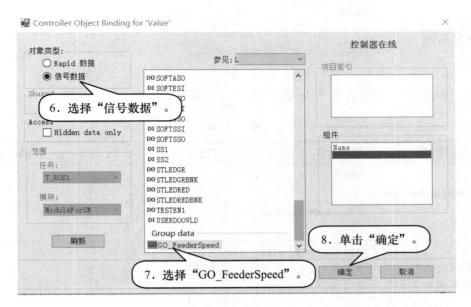

图　7-46（续）

四、调试"维修"界面

调试"维修"界面过程如图 7-47、图 7-48 所示。

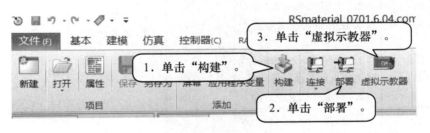

图　7-47

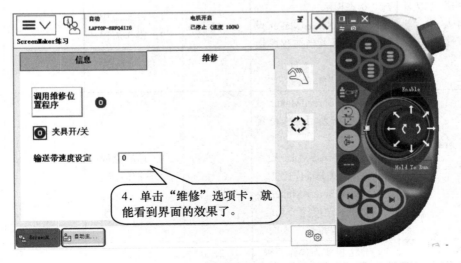

图　7-48

学习检测

技能自我学习检测评分表见表 7-4。

表　7-4

项　　　目	技 术 要 求	分　　值	评 分 细 则	评 分 记 录	备　　注
了解 ScreenMaker 的作用	1．了解创建用户自定义界面的目的 2．了解 ScreenMaker 的作用	15	理解原理		
创建注塑机取件工业机器人用户自定义界面	1．使用 ScreenMaker 创建一个新项目 2．使用 ScreenMaker 对界面进行布局 3．对项目进行保存	15	1．理解流程 2．操作流程		
设置注塑机取件工业机器人用户信息界面	1．使用 ScreenMaker 设置工业机器人当前位置文字提示 2．使用 ScreenMaker 设置工业机器人当前位置图形提示 3．使用 ScreenMaker 设置工业机器人已取件数量 4．调试"信息"界面	15	1．理解流程 2．操作流程		
设置注塑机取件工业机器人用户状态界面	1．使用 ScreenMaker 设置工业机器人当前手动／自动状态提示 2．使用 ScreenMaker 设置工业机器人当前程序运行状态提示 3．调试"状态"界面	15	1．理解流程 2．操作流程		
设置注塑机取件工业机器人用户维修界面	1．使用 ScreenMaker 设置工业机器人回维修位置的功能 2．使用 ScreenMaker 设置工业机器人夹具动作控制 3．使用 ScreenMaker 设置输送带的速度调节功能 4．调试"维修"界面	15	1．理解流程 2．操作流程		
安全操作	符合上机实训操作要求	25			

项目 8　RobotStudio 的在线功能

教学目标

1. 学会使用 RobotStudio 与工业机器人进行连接的操作。
2. 学会使用 RobotStudio 在线备份的操作。
3. 学会使用 RobotStudio 在线进行 RAPID 程序编辑的操作。
4. 学会使用 RobotStudio 在线进行系统参数编辑与修改的操作。
5. 学会使用 RobotStudio 在线进行文件传输的操作。
6. 学会使用 RobotStudio 在线监控示教器及工业机器人动作状态。
7. 学会使用 RobotStudio 进行用户权限的管理。
8. 学会使用 RobotStudio 进行工业机器人系统的创建与安装。

任务 8-1　使用 RobotStudio 与工业机器人进行连接并获取权限

工作任务

1. 建立 RobotStudio 与工业机器人的连接。
2. 获取 RobotStudio 在线控制权限。

实践操作

一、建立 RobotStudio 与工业机器人的连接

通过 RobotStudio 与工业机器人的连接，可用 RobotStudio 的在线功能对工业

机器人进行监控、设置、编程与管理。图 8-1 ～图 8-4 所示就是建立连接的过程。

请将随机所附带的网线一端连接到计算机的网线端口，另一端与工业机器人的专用网线端口连接。

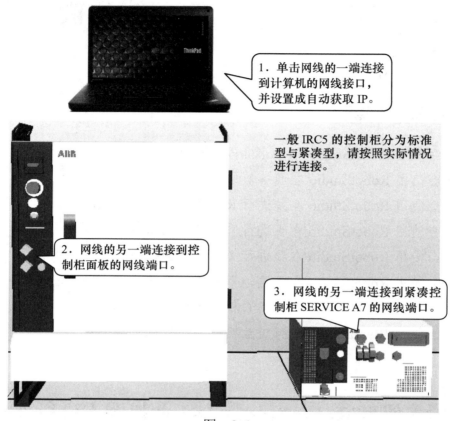

1. 单击网线的一端连接到计算机的网线接口，并设置成自动获取 IP。

一般 IRC5 的控制柜分为标准型与紧凑型，请按照实际情况进行连接。

2. 网线的另一端连接到控制柜面板的网线端口。

3. 网线的另一端连接到紧凑控制柜 SERVICE A7 的网线端口。

图 8-1

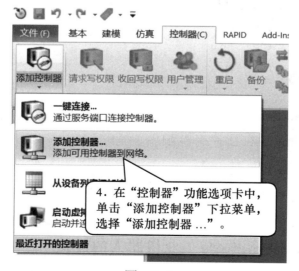

4. 在"控制器"功能选项卡中，单击"添加控制器"下拉菜单，选择"添加控制器 …"。

图 8-2

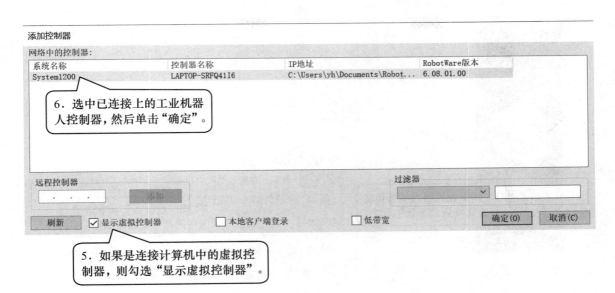

图　8-3

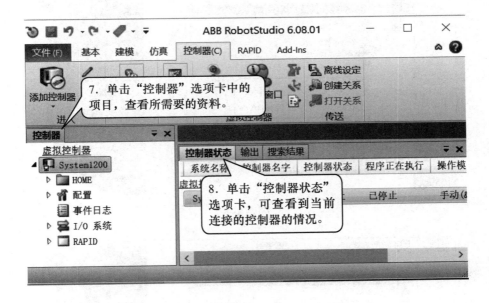

图　8-4

二、获取 RobotStudio 在线控制权限

除了能通过 RobotStudio 在线对工业机器人进行监控与查看以外，还可以通过 RobotStudio 在线对工业机器人进行程序的编写、参数的设定与修改等操作。为了安全，在对工业机器人控制器数据进行写操作之前，要首先在示教器进行"请求写权限"的操作，防止在 RobotStudio 中错误修改数据，造成不必要的损失。过程如图 8-5 ～图 8-7 所示。

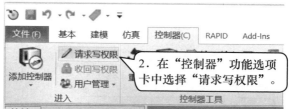

图　8-5

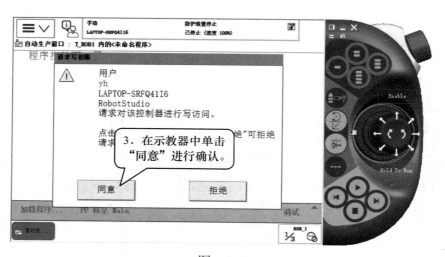

图　8-6

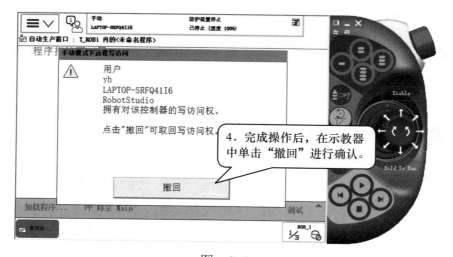

图　8-7

任务 8-2　使用 RobotStudio 进行备份与恢复

工作任务

1．使用 RobotStudio 进行备份。

2．使用 RobotStudio 进行恢复。

实践操作

定期对 ABB 工业机器人的数据进行备份，是保持 ABB 工业机器人正常运行的良好习惯。ABB 工业机器人数据备份的对象是所有正在系统内存运行的 RAPID 程序和系统参数。当工业机器人系统出现错乱或者重新安装新系统以后，可以通过备份快速地把工业机器人恢复到备份时的状态。

一、备份

备份操作过程如图 8-8、图 8-9 所示。

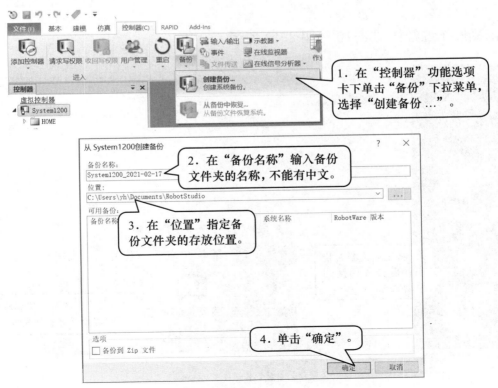

图　8-8

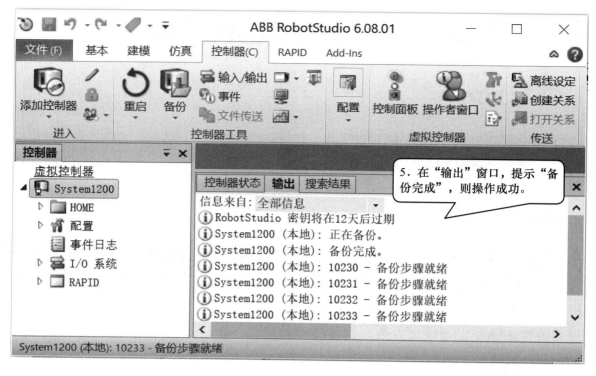

图 8-9

二、恢复

恢复操作过程如图 8-10 ～图 8-12 所示。

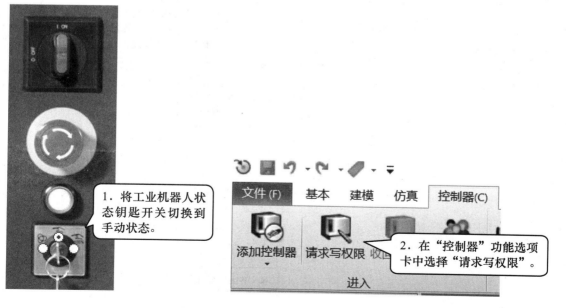

图 8-10

图　8-11

图　8-12

至此，恢复操作完成。

 使用 RobotStudio 在线编辑 RAPID 程序

工作任务

1. 在线修改 RAPID 程序。
2. 在线添加 RAPID 程序指令。

实践操作

在工业机器人的实际运行中，为了配合实际的需要，经常会在线对 RAPID 程序进行微小的调整，包括修改或增减程序指令。下面就这两方面的内容进行操作。

一、修改等待时间指令 WaitTime

将程序中的等待时间从 2s 调整为 3s。修改的过程如下：

首先建立起 RobotStudio 与工业机器人的连接，请参考任务 8-1 中的详细说明。接着进行图 8-13 ~ 图 8-16 所示的操作。

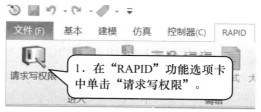

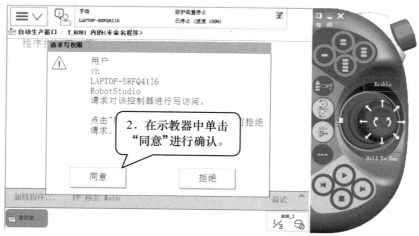

图 8-13

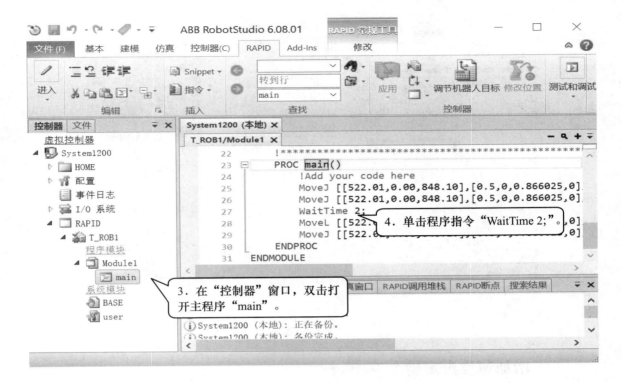

图　8-13（续）

图　8-14

图　8-15

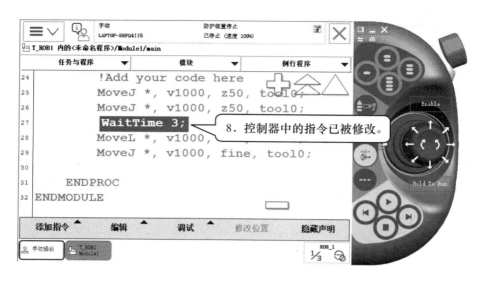

图 8-16

二、增加速度设定指令 VelSet

为了将程序中工业机器人的最高速度限制到 1000mm/s，要在程序中移动指令的开始位置之前添加一条速度设定指令。操作过程如图 8-17 ～图 8-20 所示。

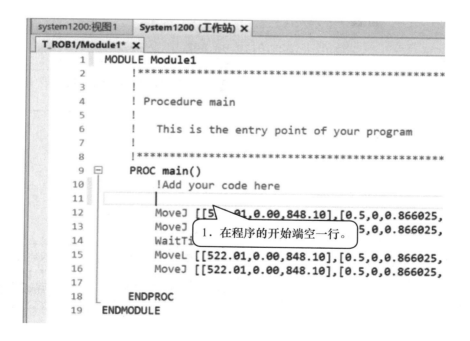

图 8-17

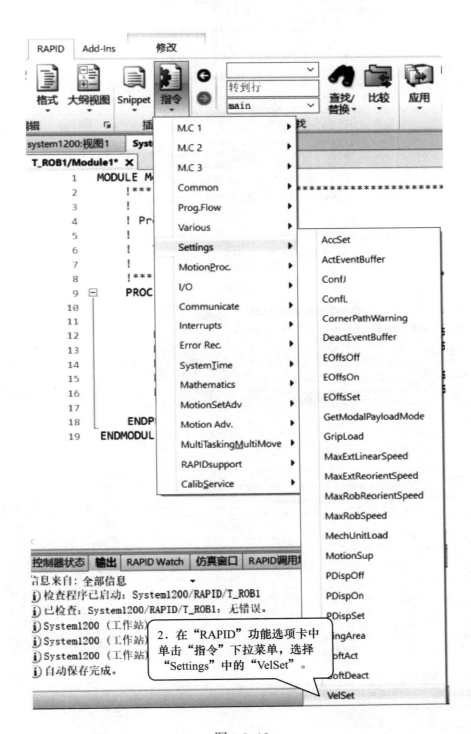

图　8-18

图 8-18（续）

```
system1200:视图1    System1200 (工作站) ×
T_ROB1/Module1* ×
 1      MODULE Module1
 2      !********************************
 3      !
 4      ! Procedure main
 5      !
 6      !   This is the entry point of yo
 7      !
 8      !********************************
 9      PROC main()
10          !Add your code here
11
12          VelSet 100,1000;
13          MoveJ [[522 01,0.00,848.10],[
14          MoveJ     01 0.00 848 10] [
19      ENDPROC
20      ENDMODULE
```

3. 指令修改为 "VelSet 100,1000;"，"VelSet" 指令要设定最大倍率和最大速度两个参数。

图 8-19

4. 修改完成后单击"应用"。

5. 单击"收回写权限"。

图 8-20

6. 控制器中的指令已被修改。

```
PROC main()
    !Add your code here

    VelSet 100,1000;
    MoveJ *, v1000, z50;
    MoveJ *, v1000, z50, tool0;
    WaitTime 3;
    MoveL *, v1000, z50, tool0;
    MoveJ *, v1000, fine, tool0;

ENDPROC
```

任务 8-4 使用 RobotStudio 在线编辑 I/O 信号

工作任务

1. 在线添加 I/O 单元。
2. 在线添加 I/O 信号。

实践操作

工业机器人与外部设备的通信是通过 ABB 标准的 I/O 或现场总线的方式进行的，其中又以 ABB 标准 I/O 板最常用，所以以下的操作就是以新建一个 I/O 单元及添加一个 I/O 信号为例子，来学习 RobotStudio 在线编辑 I/O 信号的操作。

一、创建一个 I/O 单元 DSQC651

关于 DSQC651 的详细规格参数说明，请参考机械工业出版社出版的《工业机器人实操与应用技巧 第 2 版》（ISBN 978-7-111-57493-4）。

I/O 单元 DSQC651 设定参数见表 8-1。

表 8-1

名 称	值
Name	d651
Address	10

首先建立起 RobotStudio 与工业机器人的连接，请参考任务 8-1 中的详细说明。然后进行图 8-21 ～图 8-26 所示的操作。

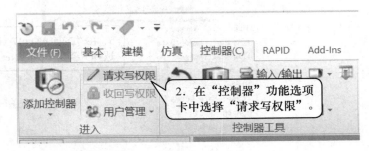

图 8-21

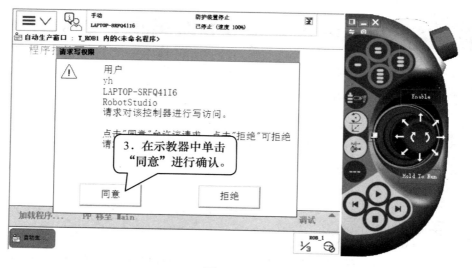

图 8-22

图 8-23

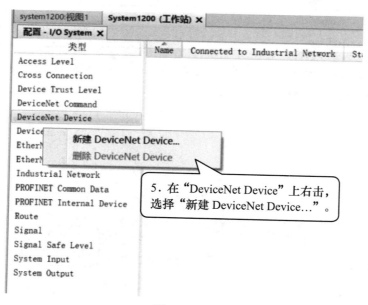

图 8-24

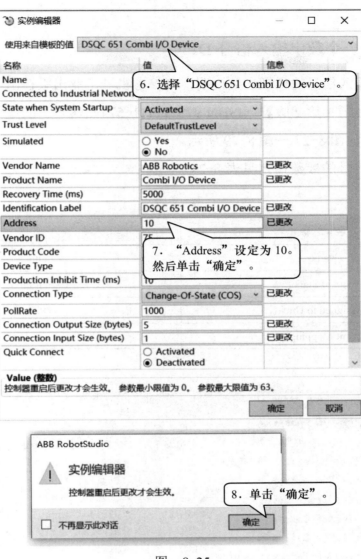

图　8-25

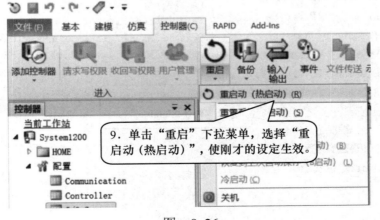

图　8-26

二、创建一个数字输入信号 DI00

关于数字输入信号的详细参数说明，请参考机械工业出版社出版的《工业机器人实操与应用技巧　第2版》（ISBN 978-7-111-57493-4）。创建一个数字输入信号 DI00 的过程如图 8-27～图 8-29 所示。

数字输入信号的参数设定见表 8-2。

表　8-2

名　称	值
Name	DI00
Type of Signal	Digital Input
Assigned to Unit	D651
Unit Mapping	0

图　8-27

图　8-27（续）

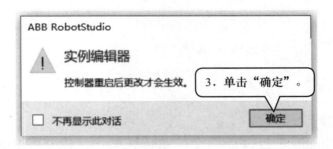

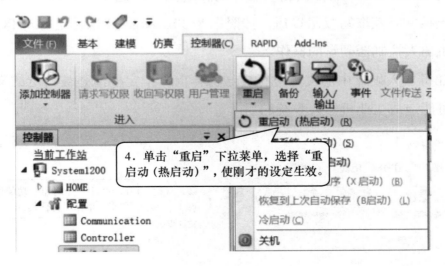

图　8-28

图　8-29

至此，I/O 单元和 I/O 信号设置完毕。

任务 8-5　使用 RobotStudio 在线文件传送

工作任务

在线进行文件传送。

实践操作

可以通过 RobotStudio 进行快捷的文件的传送操作，建立好 RobotStudio 与工业机器人的连接并且获取写权限以后，按照图 8-30、图 8-31 所示进行从 PC 发送文件到工业机器人控制器硬盘的操作。

在对工业机器人硬盘中的文件进行传送操作前，一定要清楚被传送的文件的作用，否则可能造成工业机器人系统的崩溃。

图　8-30

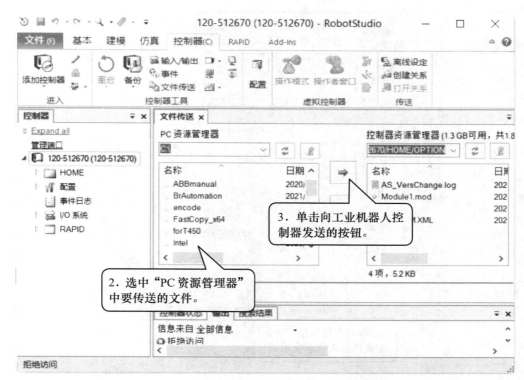

图 8-31

任务 8-6 使用 RobotStudio 在线监控工业机器人和示教器状态

 **工作任务**

1．在线监控工业机器人状态。

2．在线监控示教器状态。

 实践操作

可以通过 RobotStudio 在线功能进行工业机器人和示教器状态的监控。

一、在线监控工业机器人状态

在线监控工业机器人状态的操作如图 8-32 所示。

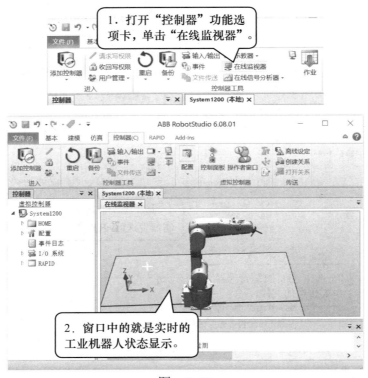

1. 打开"控制器"功能选项卡，单击"在线监视器"。

2. 窗口中的就是实时的工业机器人状态显示。

图　8-32

二、在线监控示教器状态

在线监控示教器状态的操作如图 8-33 所示。

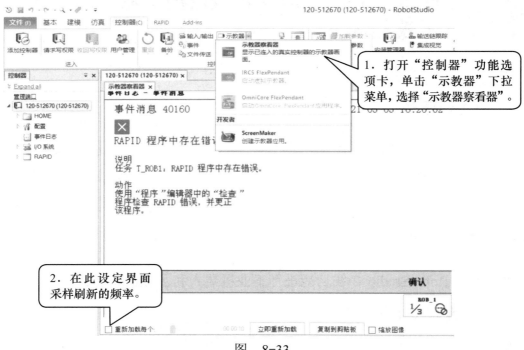

1. 打开"控制器"功能选项卡，单击"示教器"下拉菜单，选择"示教器察看器"。

2. 在此设定界面采样刷新的频率。

图　8-33

任务 8-7　**使用 RobotStudio 在线设定示教器用户操作权限管理**

工作任务

1．为示教器添加一个管理员操作权限。

2．设定需要的用户操作权限。

3．更改 Default User 的用户组。

实践操作

在示教器中的误操作可能会引起工业机器人系统的错乱，从而影响工业机器人的正常运行。因此有必要为示教器设定不同用户的操作权限。为一台新的工业机器人设定示教器的用户操作权限，一般的操作步骤如下：

1）为示教器添加一个管理员操作权限。

2）设定需要的用户操作权限。

3）更改 Default User 的用户组。

下面就来进行工业机器人权限设定的操作。

一、为示教器添加一个管理员操作权限

为示教器添加一个管理员操作权限的目的是为系统多创建一个具有所有权限的用户，为意外权限丢失时，多一层保障。

首先要获取工业机器人的写权限，然后根据图 8-34 ～图 8-42 所示的步骤进行操作。

图　8-34

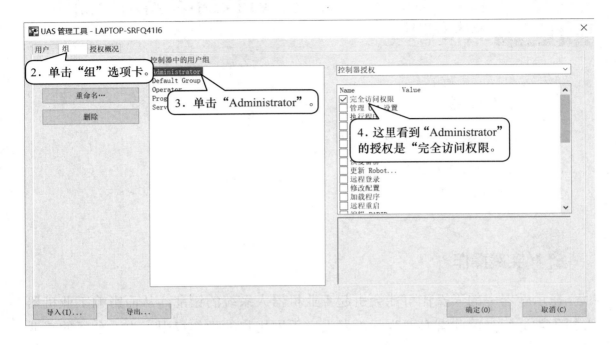

图 8-35

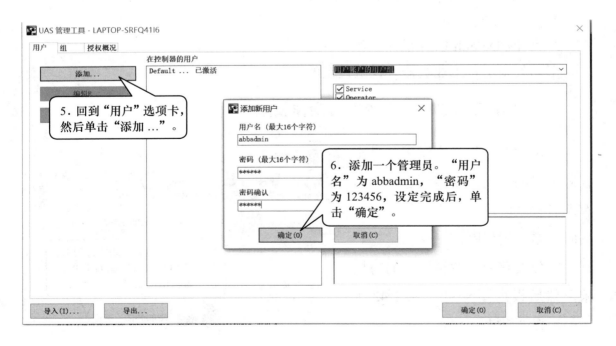

图 8-36

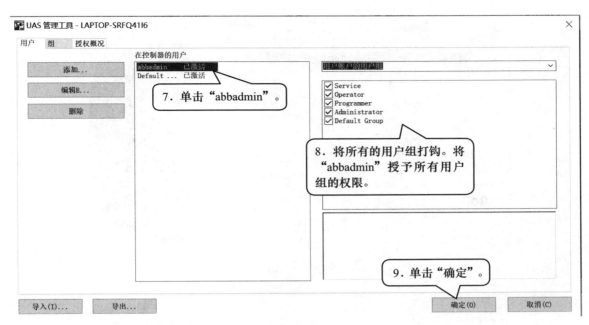

图　8-37

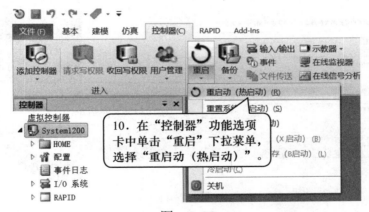

图　8-38

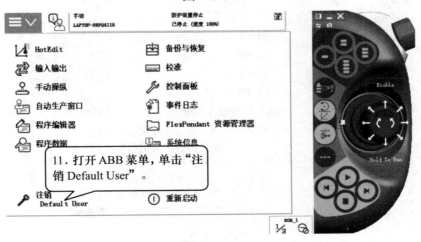

图　8-39

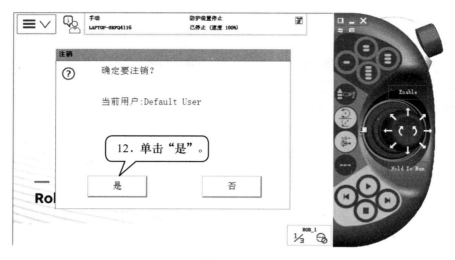

图　8-40

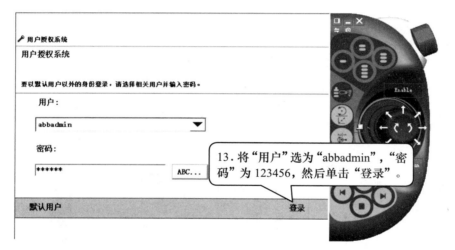

图　8-41

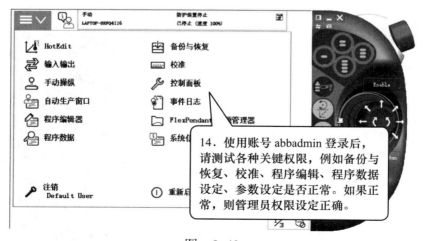

图　8-42

二、设定需要的用户操作权限

现在可以根据需要设定用户组和用户，以满足管理的需要。具体步骤如下：

1）创建新用户组。

2）设定新用户组的权限。

3）创建新的用户。

4）将用户归类到对应的用户组。

5）重启系统，测试权限是否正常。

三、更改 Default User 的用户组

在默认的情况下，用户 Default User 拥有示教器的全部权限。工业机器人通电后，都是以用户 Default User 自动登录示教器的操作界面。所以有必要将 Default User 的权限取消掉。

在取消 Default User 的权限之前，要确认系统中已有一个具有全部管理员权限的用户。否则，有可能造成示教器的权限锁死，无法做任何操作。

图 8-43 ～图 8-48 所示是更改 Default User 用户组的操作。

在完成热启动后，在示教器上进行用户的登录测试，如果一切正常，就完成设定。

图　8-43

图　8-44

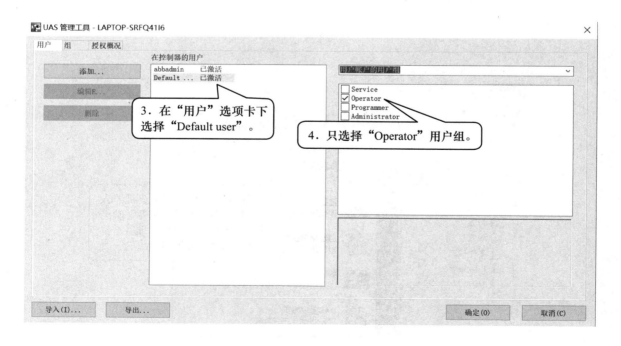

图　8-45

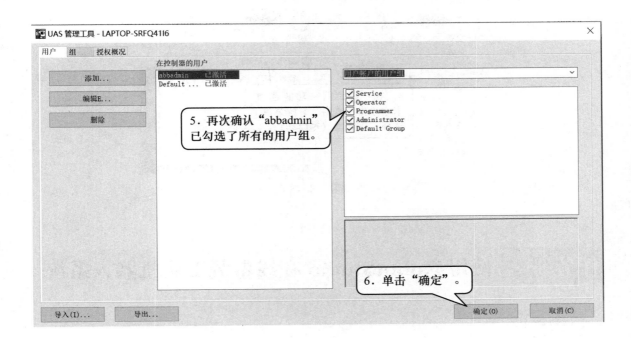

图 8-46

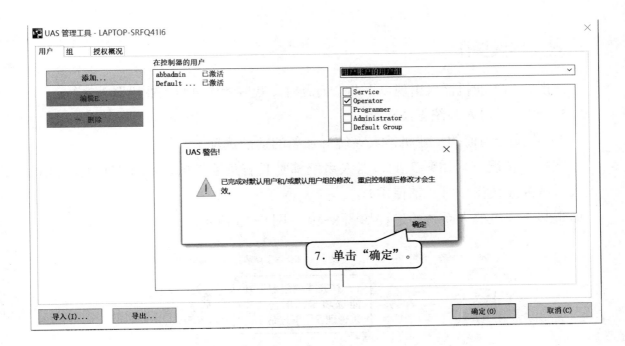

图 8-47

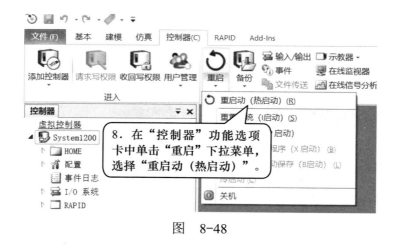

图 8-48

任务 8-8 使用 RobotStudio 在线重装工业机器人系统

工作任务

重装工业机器人系统。

实践操作

一般，当工业机器人出现以下两个问题时，就应考虑重装工业机器人系统。

1）工业机器人系统无法启动。

2）需要为当前的工业机器人系统添加新的功能选项。

在任何情况下，重装工业机器人系统都是具有危险性的，所以在进行工业机器人系统的重装操作时，请慎重！

重装工业机器人系统的过程如图 8-49 ～图 8-63 所示。

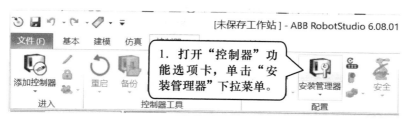

图 8-49

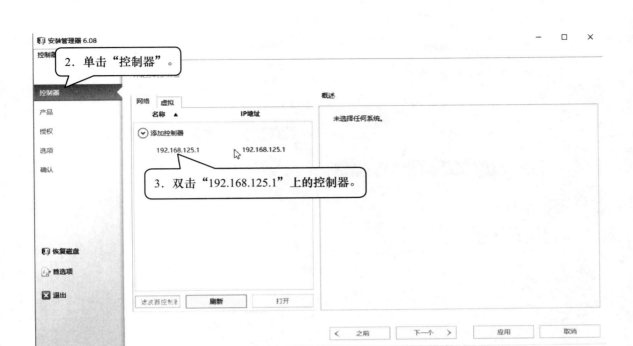

图　8-50

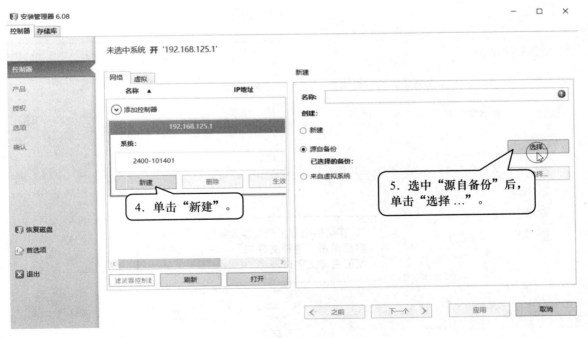

图　8-51

图　8-52

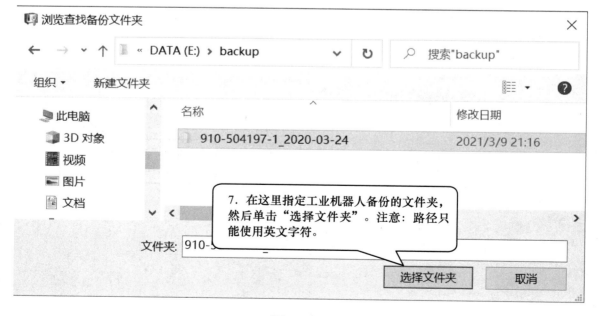

图　8-53

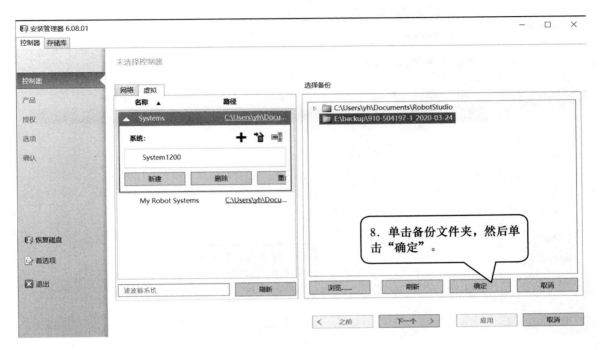

图　8-54

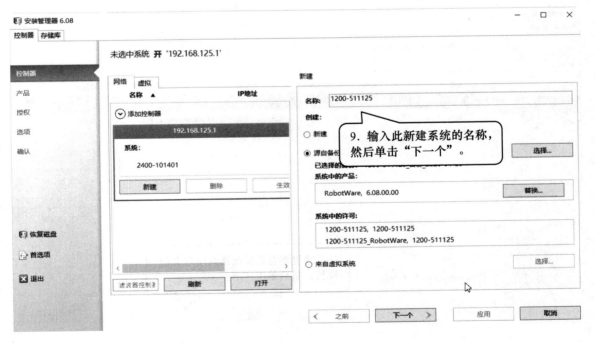

图　8-55

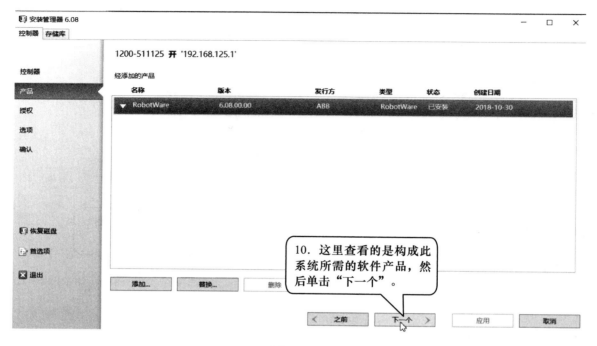

图　8-56

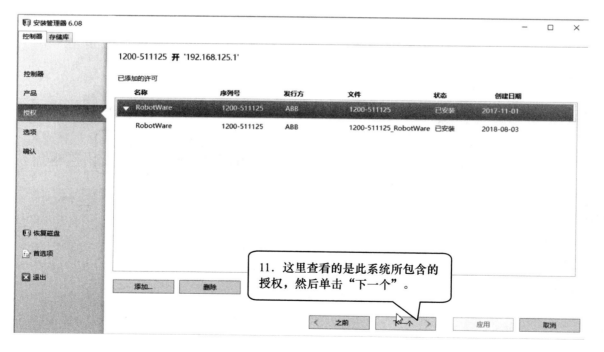

图　8-57

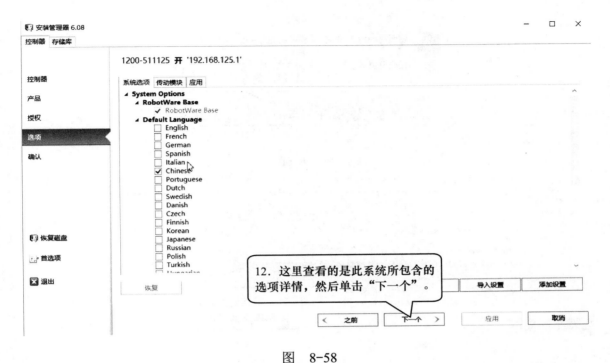

图 8-58

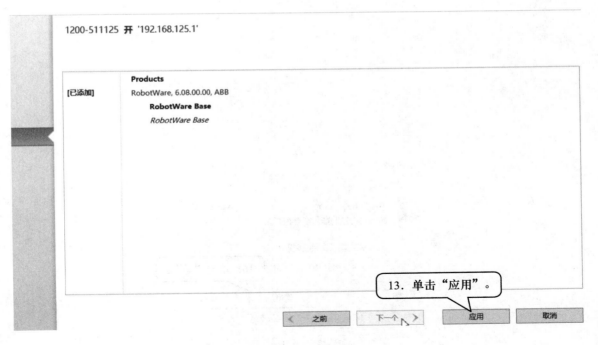

图 8-59

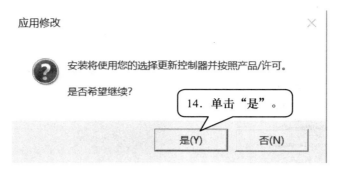

图 8-60

图 8-61

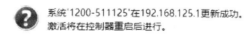

图 8-62

接着就耐心等待系统的重启，观察示教器的进度就好了。

图　8-63

学习检测

技能自我学习检测评分表见表 8-3。

表　8-3

项　　目	技 术 要 求	分　　值	评 分 细 则	评 分 记 录	备　　注
使用 RobotStudio 与工业机器人进行连接并获取权限的操作	1．建立 RobotStudio 与工业机器人的连接 2．获取 RobotStudio 在线控制权限	10	1．理解流程 2．操作流程		
使用 RobotStudio 进行备份与恢复的操作	1．使用 RobotStudio 进行备份的操作 2．使用 RobotStudio 进行恢复的操作	10	1．理解流程 2．操作流程		
使用 RobotStudio 在线编辑 RAPID 程序的操作	1．在线修改 RAPID 程序的操作 2．在线添加 RAPID 程序指令的操作	10	1．理解流程 2．操作流程		
使用 RobotStudio 在线编辑 I/O 信号的操作	1．在线添加 I/O 单元 2．在线添加 I/O 信号	10	1．理解流程 2．操作流程		
使用 RobotStudio 在线文件传送	在线文件传送	10	1．理解流程 2．操作流程		

（续）

项　　目	技 术 要 求	分　值	评 分 细 则	评 分 记 录	备　注
使用 RobotStudio 在线监控工业机器人和示教器状态	1．在线监控工业机器人状态的操作 2．在线监控示教器状态的操作	10	1．理解流程 2．操作流程		
使用 RobotStudio 在线设定示教器用户操作权限管理	1．为示教器添加一个管理员操作权限 2．设定需要的用户操作权限 3．更改 Default User 的用户组	10	1．理解流程 2．操作流程		
使用 RobotStudio 在线创建工业机器人系统与安装	重装工业机器人系统	10	1．理解流程 2．操作流程		
安全操作	符合上机实训操作要求	20			